《国学经典藏书》丛书编委会

国学经典藏书

菜根谭

潘守皎 潘世武 评注

吉林大学出版社
长春

图书在版编目（CIP）数据

菜根谭 / 潘守皎 , 潘世武评注 . —长春：吉林大学出版社，2020.10
（国学经典藏书）
ISBN 978-7-5692-6919-2

Ⅰ . ①菜… Ⅱ . ①潘…②潘… Ⅲ . ①个人 - 修养 - 中国 - 明代②《菜根谭》 - 注释 Ⅳ . ① B825

中国版本图书馆 CIP 数据核字（2020）第 157070 号

国学经典藏书：菜根谭
GUOXUE JINGDIAN CANGSHU: CAIGEN TAN

作　　者：潘守皎 潘世武 评注
策划编辑：魏丹丹
责任编辑：陶　冉
责任校对：马宁徽
装帧设计：蒋宏工作室
开　　本：880mm × 1230mm　1/32
字　　数：233 千字
印　　张：11.25
版　　次：2020 年 10 月第 1 版
印　　次：2024 年 4 月第 3 次印刷

出版发行：吉林大学出版社
地　　址：长春市人民大街 4059 号（130021）
0431-89580028/29/21
http://www.jlup.com.cn
E-mail:jdcbs@jlu.edu.cn
印　　刷：河北松源印刷有限公司

ISBN 978-7-5692-6919-2　　定价：40.00 元

编者的话

经典是人类知识体系的根基，是人类的精神家园，是我们走向未来的起点。莎士比亚说过："生活里没有书籍，就好像没有阳光；智慧里没有书籍，就好像鸟儿没有翅膀。"21世纪中国国民的阅读生活中最迫切的事情是什么？我们的回答是阅读经典！

中国有数千年一脉相传、光辉灿烂的文化，并长期处于世界文化发展的前列，尤其是在近代以前，曾长期引领亚洲乃至世界文化的发展方向。长期超稳定的社会发展形态和以小农生产为基础的、悠闲的宗法农业社会，塑造了中华民族注重实际、过分地偏重经验、重视历史的文化心理特征。从殷商时代的"古训是式"（《诗经·大雅·烝民》），到孔子的"述而不作，信而好古"（《论语·述而》），可以清楚地看出这种文化心理不断强化的轨迹。于是，历史就被赋予了神圣的光环，它既是人们获得知识的源泉，也是人们价值标准的出处。它不再是僵死的、过去的东西，而是生动活泼、富有生命力，并对现世仍有巨大指导作用的事实。因而就形成了这样一种固定的文化思维方式，也就是"以铜为鉴，可正衣冠；以古为鉴，可知兴替；以人为鉴，可明得失"（《新唐书·魏徵传》）。中国的文化人世代相承，均从历史中寻求真理，寻求"修身、齐家、治国、平天下"的崇高理想模式。

这种对于历史所怀有的深沉强烈的认同感,正是历史典籍赖以发展、繁荣的文化心理基础。历史上最初给历史典籍的研究和整理工作涂上政治、道德和伦理色彩的是春秋时期的孔子。当时的孔子因感"周室微而礼乐废、《诗》《书》缺",于是乃删订了《诗》《书》《礼》《乐》《易》《春秋》等"六经"(见《史记·孔子世家》),寄托了自己在政治上"复礼"和道德上"归仁"的最高理想。孔子以后,历史典籍的编撰无不遵循着这一最高原则。所以《隋书·经籍志》总序中就说:"夫经籍也者,机神之妙旨,圣哲之能事。所以经天地,纬阴阳,正纲纪,弘道德,显仁足以利物,藏用足以独善……其王者之所以树风声,流显号,美教化,移风俗,何莫由乎斯道?……其教有适,其用无穷,实仁义之陶钧,诚道德之橐籥也。……夫仁义礼智,所以治国也;方技数术,所以治身也。诸子为经籍之鼓吹,文章乃政化之黼黻,皆为治国之具也。"(《隋书·经籍志一》)由此可见,历史典籍的编撰整理工作,已不仅仅是文化技术问题,更重要的是它还负有"正纲纪,弘道德"的政治和道德使命。于是,在两千多年的历史发展过程中,先人们为我们留下了汗牛充栋的文化典籍。这些宝贵的精神财富,不仅是我们中华民族的骄傲,也是全人类的骄傲,并已成为世界文化宝藏的重要组成部分。

中国的先哲们一向对古代典籍充满崇敬之情,他们认为,先王之道、历史经验、人伦道德以及治国安邦之术、读书治学之法等等,都蕴藏于典籍之中。文献典籍是先王之道、历史经验、人伦道德等赖以传递后世的重要手段。离开书籍,后人将无法从前朝吸取历史经验,无法传承先王之道。在日新月异的当代,如何对待这份优秀的文化遗产?毛泽东同志早就指出:"中国的长期封建社会中,创造了灿烂的古代文化。清理古代文化的发展过程，剔除其封建性的糟粕，吸取其民主性的精华，是发展民族新文化、提高民族自信心的必要条件。……中国现时的新文化也是从古代的旧文化发展而来，因此，我们必须尊重自己的历史，决不能割断历史。但是，这种尊重是给历史以一定的科学地位，是尊重历史的辩证法的发展，而不是颂古非今。"（毛泽东《新民主主义论》）古代典籍，不仅对中华民族的形成与发展历史地发挥了巨大的凝聚力作用，而且在当今中华民族伟大复兴中，依然会发挥无可替代的重要作用。

在科学技术迅猛发展的当代社会，人们的生活、观念正在发生着巨大而深刻的变革，面对蓬勃发展的现代科技和汹涌而至的各种思潮，人们依然能深切地感受到中国传统文化无所不在的巨大力量。人们渴望了解这种无形的力量源泉，于是绚丽多姿的中华典籍就成了人们首要的选择。它能够使我们在精神上成为坚强、忠诚和有理智的人，成为能够真正爱人类、尊重人类劳动、衷心地欣赏人类的伟大劳动所产生的美好果实的人。所以，在今天，我们要阅读经典；当数字化、网络化带来的"信息爆炸"占领人们的头脑、占用人们的时间时，我们要阅读经典；当中华民族迈向和平崛起和民族复兴的伟大征程时，我们更要阅读经典。因此，读经典，这个我们习以为常的平凡过程，实际上就成了人的心灵和上下古今一切民族的伟大智慧相结合的过程。但由于时代的变迁，这些经典对现代人来说已是谜一样的存在。为继承这份优秀的文化遗产，帮助人们更好地利用这些经典，在全国学术界诸多专家学者的支持下，我们策划了这套"国学经典藏书"丛书。

丛书以弘扬传统、推陈出新、汇聚英华为宗旨，以具有中等以上文化程度的广大读者为对象，从我国古代经、史、子、集四部典籍中精选50种，以全注全译或节选的形式结集出版。在书目的选择上，重点选取我国古代哲学、历史、地理、文学、科技、教育、生活等领域历经岁月洗礼、汇聚人类最重要的精神创造和知识积累的不朽之作。既注重选取历史上脍炙人口、深入人心的经典名著，又注重其适应现代社会的人文价值趋向。丛书不仅精校原文，而且从前言、题解，到注释、译文，均在吸收历代学者研究成果的基础上精心编撰。在注重学术性标准的基础上，尽量做到通俗易懂。我们相信，本丛书的出版，对提高人们的古代典籍认知水平，阅读和利用中华传统经典，传播中华优秀文化，提高人们的民族自信心和文化自豪感，进而为中华民族伟大复兴做贡献，均将起到应有的作用。高尔基说："书籍是人类进步的阶梯。""要热爱读书，它会使你的生活轻松，它会友爱地帮助你了解纷繁复杂的思想、感情和事件；它会教导你尊重别人和你自己；它以热爱世界、热爱人类的情感，来鼓舞智慧和心灵。""当书本给我讲到闻所未闻、见所未见的人物、感情、思想和态度时，似乎是每一本书都在我面前打开一扇窗户，并让我看到一个不可思议的新世界。""每一本书是一级小阶梯，我每爬一级，就……更接近美好生活的观念，更热爱这书"（《高尔基论青年》，中国青年出版社1956年版）。流传千年的文化经典，让我们受益匪浅，使我们懂得更多。正如德国著名作家歌德所说："读一本好书，就是和一位品德高尚的人谈话。"的确，读一本好书，就像是结交了一位良师益友。我们真诚希望，这套经典丛书能够真正进入您的生活，成为人人应读、必读和常读的名著。

陈　虎

庚子岁孟秋

前 言

《菜根谭》是一部论述人生修养、处世应酬等内容的清言体语录集。清言,原意是高雅的言论,《晋书·郭象传》:"郭象,字子玄,少有才理,好《老》《庄》,能清言。"在这里,它是一种文学体裁的专称,又称"清言小品",是晚明小品文的一种特殊形式。它源于魏晋玄言清谈,又受到骈律文体的影响。这种文体盛行于晚明至清初的一百多年,是一种格言式、随笔式的文学样式。《菜根谭》产生于晚明时期,是这种文体的代表之一。

《菜根谭》是怎样一部书?作为以处世思想为主的格言式小品文集,《菜根谭》糅合了儒家的中庸思想、道家的无为思想和佛家的出世思想等人生处世哲学,表达了以儒家思想为主并杂以道家和佛教的人生观、苦乐观、荣辱观、处世观和生死观等价值观念。虽然在理欲、性命等阐释方面存在宋明理学的空疏之病,但其不追求至德至圣、不偏执于至情至理的世俗价值观念,仍然显示出其实用、圆融的人生智慧。所以,从某种意义上来说,《菜根谭》其实是一部关于老百姓处世为人的谈录。

与儒家的经典著作《论语》相比,《菜根谭》表现出儒学不同时期的特质,也表现出不同诉求对象的特点。《论语》强调修德是君子为人处世之必要,《菜根谭》则认为修德是平常百姓之日用。所以，前者所修是君子之德、为政之德，后者所修为里仁之德、常人之德；前者教人进取，后者教人远祸；前者多儒者理想，后者多百姓实用；前者多君子正色，后者多世故圆滑。但我们不必因此而苛责后者。顺应时代的需求，《菜根谭》把儒家修身世俗化、生活化，也有其积极的社会意义。因此，《菜根谭》是一部充满人生智慧的书，但也有其缺点与不足。在《菜根谭》中，没有《论语》所强调的临大节可以置生死而不顾的凛然，却多了几分明哲保身的圆通。就语言风格而论，《论语》中的章节显得简约而有张力，《菜根谭》中的条目则让人觉得虽有文采而缺乏内蕴，虽然不缺少智慧，但说教意味十足。况且，由于时代的局限，书中的很多观点已经变得消极和陈腐。

严格意义上来说，孔子和洪应明都属于不得志的文人。然两人所处的时代不同，两人的志向抱负也不同，《菜根谭》和《论语》的层次也就不同。《论语》中，我们可以看到一个孜孜求道、终身不悔的孔子，他甚至被人们视作“丧家之犬”而自己却不以为意；在《菜根谭》中，我们则看到一个圆融练达、有时带着一点儿理学学究之气的洪应明。他有对于时事的愤激，更常表现出不落流俗的清高，还有一点儿做人的“猾黠”。三教的智慧把他打磨得圆融光亮，但少了些儒家学者引以为傲的进取之志。从中我们既可以看到古代知识分子光风霁月的情怀、铁肩担当道义的责任，常人的世故圆滑也时有表露。

《菜根谭》的作者及时代。《菜根谭》的作者，一般都认为是洪应明，但洪氏的籍贯和人生经历后人却难以确知。清代纪昀主纂的《四库全书总目提要》在《子部 · 小说家》中这样说：

“《仙佛奇踪》四卷,内府藏本,明洪应明撰。应明字自诚,号还初道人,其里贯未详。”可见,由于记载的缺失,清初人们便已不了解洪应明的籍贯和人生经历。然而,依照以上记载,还有与洪应明同时代而稍早的了凡道人袁黄为洪应明《仙佛奇踪》所作的《逍遥墟引》、真实居士冯梦祯为《仙佛奇踪》所作的《寂光境引》,以及与洪应明年辈相仿的于孔兼为《菜根谭》的题词,我们还是可以了解到洪氏以下一些人生信息:一、洪应明字自诚,新都人;二、洪应明自幼倾慕繁华,晚年皈依佛道;三、洪应明归隐后栖居在江浙地区,包括秦淮一带;四、洪应明生活的时代应该在明世宗、穆宗和神宗时期。

洪应明生活的时代之所以需要特别说明,是因为这涉及《菜根谭》写作的历史背景。根据明代袁黄和冯梦祯给洪氏《仙佛奇踪》所写的《逍遥墟引》和《寂光境引》中的叙述,我们知道,洪氏是和袁黄、冯梦祯同时代的人,袁黄和冯梦祯应该年长于洪氏,因为两人提到洪应明的时候,都称“洪生自诚氏”,这也应该是长辈的口气。而另一位给洪应明的《菜根谭》题词的于孔兼则应该是洪氏同辈友人。因为他在题词中说:“友人洪自诚者,持《菜根谭》示予,且丐予序。”根据以上信息,我们应可以判定洪应明生活的大致年代。袁黄,字坤仪,浙江嘉善人,出生于明世宗嘉靖十三年(1534),卒于明神宗万历三十五年(1607),他给洪氏写题引的时间是万历三十年(1602,壬寅年),时年六十九岁。冯梦祯,字开之,浙江嘉兴人,生于嘉靖二十七年(1548),卒于万历三十三年(1605),他给洪氏写题引的时间也是万历三十年,时年五十五岁。于孔兼,字元时,号泰景,江苏金坛人,生于嘉靖二十七年,万历八年(1580)进士,曾因朝廷争斗归隐故里二十年,卒于万历四十年(1612)前后。他给《菜根谭》题词即在他辞职归隐的时间里,具体来说,有可能在袁黄、冯梦祯去世前后的万历三十三年至万历四十一年的七八年间。袁黄、冯梦祯年长于洪氏,于孔兼和冯梦祯生年一样,也肯定年长于洪氏,但从于孔兼称之为友的情形看,又不可能年龄相差太大。所以,洪应明生活的年代自当与袁黄、冯梦祯、于孔兼同时,也即明朝中晚期的世宗嘉靖、穆宗隆庆和神宗万历年间。

明朝嘉靖至万历时期,是明王朝由繁盛走向式微的时期。由于"天子失德,朝纲废弛",整个社会陷入全面的腐败和堕落,尤其是《菜根谭》产生的万历时期。万历皇帝冲龄继位,在宰相张居正的辅助下,早年在政治、经济上面貌焕然一新。张居正去世后,万历皇帝开始沉湎于酒色之中,又因立太子之事与内阁争执长达十余年,最后索性三十年不出宫门、不理朝政。早期是不愿意上朝听政,后来连大臣们的奏章也不批复,直接"留中"不发,导致朝廷运转几乎陷于停顿。为了掠夺钱财,保证其奢靡的消费,他派出宦官担任矿监税使,四处搜括民财。所以说,万历皇帝虽然并不是毫无作为,甚至于在军事、外交上还有进取,但是他对明王朝的政治走向、国事颓败的影响是巨大的。清朝史评家赵翼在《廿二史札记》中曾经沉痛地指出:"论者谓明之亡,不亡于崇祯,而亡于万历。"由于万历时期政治昏暗,此时形成的东林党人,是当时社会上的一股清流,他们在讲学之余,抨击朝政,要求革新政治,然而,在日益黑暗的政治环境中,很多人却惨遭不测。认清了这一背景,我们或许对洪应明在《菜根谭》中时而愤激、时而清高、时而明哲保身的言论会认识得更深刻。

《菜根谭》的版本。《菜根谭》的初刻本如今保存在日本，收藏于尊经阁文库，附于明人高濂所著《遵生八笺》之后。据日本学者中村璋八、石川力三考证，在《遵生八笺》刊行的同时，《菜根谭》也有单行本存世，即《菜根谭前集》和《菜根谭后集》，只是这些初刻的单行本已经很难找到。国内现存的《菜根谭》版本有明刻本和清刻本两个系统，其中明刻本是两卷本系统，清刻本是一卷本系统。两卷本系统有如下几种版本：一、明朝刻本，题为“还初道人洪自诚著”“觉迷居士汪乾初校”。刻本的出版时间有待确定，但不是最早的刻本，现保存在上海图书馆，收录于《续修四库全书》；二、民国初年，开明书店石印本《菜根谭》两卷；三、民国四年（1915），孙锵铅印本《菜根谭》两卷（前集一卷，后集一卷）。此本为孙锵东游日本时所购，为竹子恭注释《口袋菜根谭新释》（大阪：田中宋荣堂，1910年）。一卷本系统有如下几种版本：一、乾隆三十三年刻本，此本由常州天宁寺刻于乾隆三十三年（1768），由该寺沙门清镕重校；二、光绪十七年（1891）刻本；三、宣统三年（1911）刻本；四、1913年武进陶氏石印本；五、1927年武进陶氏刻本；六、1933年海门大同印刷局铅印本。另外，还有其他一些印本，不再一一赘述。

《菜根谭》的传播。《菜根谭》问世已经四百多年了。然而，在过去的岁月里，它更多的时候是不为人知，甚至于几近失传。与此相反的是，在我们的近邻日本，它却长期受到追捧。事业成功的人喜欢它，事业上不成功的人也喜欢它。企业家、商人喜欢它，政客、学人也喜欢它。可以说，《菜根谭》以它的魅力影响了整个近现代日本社会。有人做过统计，从明治到昭和时代，《菜根谭》重印的次数和流行的态势仅次于《论语》，普通百姓和社会精英都深受其影响。迄今为止，日本共出版《菜根谭》已有一百九十五种。20 世纪初，浙江奉化人孙锵有感于《菜根谭》在日本的流行，并将它带回中国，铅印成册，称此书“盖虽仅几十纸，不足于见学术之本源，然急功近名者服之，可当清凉散，萎靡不振者服之，可当益智膏，以此馈饷国人，似亦不无小补也”。此后《菜根谭》虽有二十年左右的流行，但不久复归于沉寂。改革开放以来，中国和日本的文化交往日益频密，1987 年，《环球》杂志介绍了当时日本企业家中广泛传阅《菜根谭》的情形，国内《菜根谭》的阅读又掀起一股热潮。时至今日，我们已经能够更客观地看待这部书。

本书依据的是清刻本系统，共选取三百六十条。在选择过程中，我们参考了近些年所出的《菜根谭》各种版本，并略有增删。在注释方面，基本上是汲取了各家所长，互有取舍增删，并有自己的独到理解。为了方便读者，内容相对较其他几个版本更加详细；在译文方面，也解决了以往一些版本中牵强附会和磕磕绊绊的问题，做到了行文更加通俗流畅、明白易懂；在评点方面，针对所选内容，尽量追溯观点的由来和出处，并立足于通俗简练地阐释自己的看法。当然，由于我们水平有限，缺点和错误在所难免，希望方家和读者指正。

布衣暖，菜根香，诗书滋味长。我们希望《菜根谭》成为大家案头或枕畔的一件平平常常的伴物。让我们在面对名利物欲时，多一份克制；在工作的繁忙中，多一份闲情；在生活的坎坷中，多一份自励；在春风得意时，多一份清醒；在清风朗月时，多一份诗意；在风雨交加时，多一份镇定；在面对烦恼时，多一份淡然；在面对世人时，多一份温情。

潘守皎　潘世武

2019年7月

目　录

修　省

（一～四〇）

一

欲做精金美玉[1]的人品，定从烈火中煅来；思立掀天揭地[2]的事功，须向薄冰上履过[3]。

〔注释〕

①精金美玉：比喻完美的人或事物。精金，精炼的金属或纯金，这里指纯金。

②掀天揭地：意为惊天动地、翻天覆地。比喻声势浩大，或本领高强。

③薄冰上履过：从薄冰上走过，比喻时刻要小心谨慎。履(lǚ)，踩、走。《诗经·小雅·小旻》："如临深渊，如履薄冰。"

〔译文〕

想要成就纯金美玉般的完美人格品行，必须历经烈火的锻造得来；想要建立一番惊天动地的丰功伟绩，必须像走在薄冰之上那样时刻小心谨慎。

〔点评〕

崇高的品行不是与生俱来的，而是经过不断磨炼形成的。

建立宏伟事业需要经受各种考验，就像走在薄冰上，随时保持那种战战兢兢的心态，谨慎从事。这里发挥了孔子遇事谨慎和孟子砥砺志节的修省思想，同时阐释了儒家“内圣外王”的人格理想。

该条目是一副工整的联语，上联讲修身，下联讲立事，“精金美玉”形容人品，“掀天揭地”极言功业，对仗工整，立意精到。

二

一念错，便觉百行皆非，防之当如渡海浮囊①，勿容一针之罅漏②；万善全，始得一生无愧，修之当如凌云宝树③，须假④众木以撑持。

〔注释〕

①浮囊：泅渡用的气囊。古时用牛皮或羊皮制成，束于腋下，为人提供浮力，相当于现在的救生圈。

②罅（xià）漏：缝隙，比喻事情的漏洞。罅，古称陶器的裂缝为罅。

③宝树：佛教用语。语出《无量寿经》，指西方极乐世界中的七宝之树。这里泛指高大、珍奇的树木。

④假：依靠、凭借。

〔译文〕

一念之差做了错事，便会觉得自己所有的行为都是错的。所以，必须谨防差错，就像渡海之人携带的浮囊，容不得针尖儿大的漏洞；各种善事全都做过，才能使人一生无愧无悔，因此，修行就像西方极乐世界的凌云七宝之树，必须凭借众多林木的支撑和扶持。

〔点评〕

对于每一个人来说，修省都是个大课题，但修省的切入点又很简单，从点点滴滴做起即可。每一件小事都做好，所有的差错（恶念）都消除，各种善事都去做，年复一年，日积月累，就能成为一个修为相对完善的人。

戒除错误念头，针眼儿大的缝隙都不能放过；必须多行善事，最终才会支撑起凌云的宝树。《周易·系辞》里说："善不积，不足以成名；恶不积，不足以灭身。"蜀汉先主刘备在遗诏里告诫儿子刘禅："勿以恶小而为之，勿以善小而不为。"说的就是这个道理。所以，"谨言慎行"是孔子一再强调的修身原则。

三

忙处事为，常向闲中先检点，过举自稀①；动时念想，预从静里密操持②，非心自息③。

〔注释〕

①过举自稀：错误的举动自然就会少些。过，过错、过分。

②操持：操办、料理。这里指谋划、打算。

③非心自息：不正确、不切实际的想法，自然就不会产生。息，停息。

〔译文〕

忙碌的时候做事情，要经常在闲下来的时候先检点、审视一下，过分的举动自然就会少一些；行动之时的意念想法，要预先静下心来缜密地筹划思考，那么不正确、不切实际的想法自然就不会产生。

〔点评〕

这里是对曾子省身观念的进一步发挥。就绝大多数人来说，人生总是在忙碌中度过。尤其是当代社会，生活节奏越来越快，忙碌正成为一种生活常态。忙碌是好事，但是人在忙碌状态下容易忽略自省，产生的想法和采取的行动往往因为忙乱中无暇细想而出现差错。所以要利用空闲时间，经常检点和整理自己的所作所为，预先缜密地筹划、安排好下一步的事情，这样就会减少过失，不正确的想法自然就会平息。看来修身也要讲究“时间管理”，要有意识地利用闲暇时间总结经验教训，利用安静时刻消除各种杂念，“闲”“静”中的检点操持，是对“忙”“动”时的总结谋划，也是加强自身修为的重要方式与具体体现。

四

为善而欲自高①胜人，施恩而欲要名结好②，修业而欲惊世骇俗，植节③而欲标异见奇，此皆是善念中戈矛④，理路⑤上荆棘，最易夹带，最难拔除者也。须是涤尽渣滓，斩绝萌芽，才见本来真体⑥。

〔注释〕

①自高：自以为高尚。

②要名结好：谋求名声，结成、建立友好关系。要，通“邀”。

③植节：树立节操、名节。

④戈矛：指兵器。此处指对善念造成伤害的因素。

⑤理路：通往天理、真理的路。

⑥真体：指真心、真性。

〔译文〕

做善事却想借此抬高自己、胜过别人，施恩惠于人却想借此谋求声名、结交好友，建功立业却想以此惊世骇俗，树立节操却想以此标新立异，这些想法，都是隐藏在善念中的戈矛、通往天理路上的荆棘，是最容易夹杂在意念中，也最难以拔除干净的东西。必须荡涤所有私心杂念、彻底斩绝萌芽，才能显现出本来的真性情。

〔点评〕

人做善事、修功业都要出自本心，不能带有某些目的性，更不能作为获取名利的筹码。古人说："有心为善，虽善不赏。"如果做善事是为了显得比别人更好，施恩惠是为了拉拢别人，凡此种种，都是动机不纯，不仅难成正果，还可能误入歧途。但是，很多时候人并不是故意要这样做的，比如自高胜人、要名结好、惊世骇俗、标新立异，往往都是无心夹带的结果，是一种潜意识的意念、行为，正因为无心而为，所以要摈除就愈加困难，必须处处留心，从思想上彻底斩断这些私心杂念。

修省的最大障碍来自自身。人应该多行善事，更应该清除杂念，动机纯净，做善事，修功业，立名节，都要保持一颗平常心。一个人做点儿好事并不难，难的是一辈子做好事，而更难的是，行善事只是出于本真，而没有任何私心杂念和功利动机。

五

能轻富贵，不能轻一轻富贵之心；能重名义，又复重一重名义之念。是事境之尘氛[①]未扫,而心境之芥蒂[②]未忘。此处拔除不净,恐石去而草复生矣。

〔注释〕

①尘氛:世俗间污浊的气息。

②芥蒂:梗塞的东西,比喻心里的嫌隙、不快或怨恨。此处指欲念。

〔译文〕

能轻视富贵,却不能放下羡慕富贵的心;能看重名义,却又更看重追求名义的念头。这都是因为世俗间的尘俗之气未能扫除,内心深处的各种欲念未能忘怀。如果这些念头不能拔除干净,恐怕就像压在石头下的草一样,石头一旦搬走,杂草又会生长起来。

〔点评〕

有的人把轻视富贵挂在嘴上,往往是一种“酸葡萄心理”,其实内心里对富贵的艳羡一点儿都不少。有的人标榜自己看重名义,也会有扶危济困之举,但真正的动机却是显示自己重视名义,这就成了沽名钓誉。

必须轻该轻之“轻”,重当重之“重”,把“尘氛”“芥蒂”扫除干净,让自己拥有一颗纯粹正直的心,才能真正成为一个高尚淡泊的人。

六

纷扰固溺志[①]之场,而枯寂亦槁心[②]之地。故学者当栖心玄默[③],以宁吾真体;亦当适志恬愉[④],以养吾圆机[⑤]。

〔注释〕

①溺志:使心志沉湎其中,扼杀志向。溺,淹没。

②槁心:此处指心情冷漠,犹如枯木。槁,干枯。

③玄默:指沉默寡言、沉静无为、深藏不露。

④恬愉:快乐、安逸。

⑤圆机:圆融之机。比喻不为外物所拘牵。

〔译文〕

纷乱喧嚣的场所固然使人沉湎其中,消磨意志,但过于枯燥寂寞的环境也会使人心如枯木,无动于衷。所以,做学问的人,一方面应当让心灵栖息在沉静无为之中,以安定自己的真心本性;另一方面也应适当放松和愉快一些,让自己的体性更为丰满完整。

〔点评〕

此处是谈外部环境对修省的影响。纷扰的环境固然会使人迷失自我,但凡事有度,过犹不及,一味静寂枯燥的生活也会使人处世漠然,心灰意冷。真正的有识之士未必一定要远遁山林,离群索居,而是无论在任何情况下都保持气清心定的状态,既让心灵有个安宁的栖息之所,也应该适时放松、愉悦自己,以保证身心健康。

七

昨日之非不可留,留之则根烬复萌,而尘情[①]终累乎理趣[②];今日之是不可执[③],执之则渣滓未化,而理趣反转为欲根[4]。

〔注释〕

①尘情：世俗观念。

②理趣：原为佛教用语。这里指玄妙理论中包含的义理情趣。

③执：执着。这里指偏执。

④欲根：欲念之根。

〔译文〕

过去的错误一定不能保留，如果保留了，残根余烬就会萌芽复发、死灰复燃，则尘俗之情终会累及义理情趣；今天的正确也不可以偏执，如若偏执，包含的渣滓就会难以消化涤除，则义理情趣反而转变成欲望的根苗。

〔点评〕

要深刻反省，彻底消除过去的错误，否则有可能死灰复燃、重蹈覆辙，这个道理，相信很多人都懂。可是人们常常忽略一点：那些现在看起来正确的做法，也不能不分场合、不论情由地坚持。偏执地固执己见，往往会将原有的正确转化为某种强烈的支配欲望，那样害处其实更大。

《论语·子罕》："子绝四：毋意、毋必、毋固、毋我。"其中的"毋固"，说的就是这个道理。

八

无事便思有闲杂念想否，有事便思有粗浮[1]意气否，得意便思有骄矜辞色[2]否，失意便思有怨望情怀否。

时时检点,到得从多入少、从有入无处,才是学问的真消息[3]。

〔注释〕

①粗浮:粗疏浮躁。

②骄矜(jīn)辞色:骄矜,傲慢,骄傲自大。辞色,语言和表情。

③消息:枢纽。这里引申为关键。

〔译文〕

没事做的时候,就反思自己是否有闲杂无聊的欲念;有事做的时候,就反思自己是否有粗疏浮躁的情绪;得意的时候,就反思自己是否有傲慢自负的言辞神态;失意的时候,就反思自己是否有怨恨不满的心情。时刻检查自己,上述缺点达到从多到少、从有到无之际,才是学有所成的关键。

〔点评〕

自省是修身养性的重要途径。明代心学大师王阳明特别强调"省察克治",所谓"省察克治",就是通过自我检查,反躬自问,克服不符合道德要求的思想行为。就像这里所说的,在无事时、有事时、得意时、失意时,都从不同的角度进行自我检查、自我反省,通过有针对性的反省,逐步让自身缺点从多到少、从有到无,就能使自己成为真正有学问的人,成为道德高尚的人。

九

士人[1]有百折不回之真心,才有万变不穷[2]之妙用。

〔注释〕

①士人:这里指读书人。
②穷:穷尽。

〔译文〕

读书人要有不畏艰险、百折不回的意志,才能产生无穷无尽的才智妙用。

〔点评〕

其实,百折不回不单单是读书人的处世准则,也应当是所有人应世的基本原则。只有百折不回,才能随机应变产生万般智慧。朝着既定的目标不懈努力,发扬水滴石穿、绳锯木断的精神和毅力,就会有瓜熟蒂落、水到渠成的那一天。

一〇

非盘根错节,何以别攻木之利器①;非贯石饮羽,何以明射虎之精诚②;非颠沛横逆,何以验操守之坚定。

〔注释〕

①"非盘根"二句:语出《后汉书·虞诩传》:"不遇盘根错节,何以别利器乎?"
②"非贯石"二句:典出《史记·李将军列传》:"广出猎,见草中石,以为虎而射之,中石没镞,视之,石也。因复更射之,终不能复入石矣。"

〔译文〕

要是没有遇到盘根错节难以砍伐的树木,怎能鉴别刀斧是否锐利？要是没有射出贯穿石头的箭矢，怎能证明射杀老虎的心意是否专精？要是没经受过动荡漂泊、艰难困苦的历练，怎能检验一个人品行志节是否坚贞不移？

〔点评〕

困难与逆境，是检验、识别一个人的试金石。一个人处理问题的能力水平，只有经历纷难复杂的事情才能显现；一个人的意志品质是否坚定，也只有经过艰难困苦的生活，才能得到验证。从这个角度说，困难与逆境，是磨砺，也是机遇。

一一

立业建功，事事要从实地着脚，若少慕声闻[①]，便成伪果[②]；讲道修德，念念[③]要从虚处立基，若稍计功效，便落尘情。

〔注释〕

①少慕声闻：稍微贪图名誉。少，通“稍”，稍微、稍稍。声闻，名誉。

②伪果：有名无实之果。果，佛学上是对因而言，对于前因而谓，后生之法为果。学佛之人，精修有道，谓之正果，与伪果相对。

③念：想法、心念。

〔译文〕

创立事业、建树功勋，每一件事都要落脚在实地，若稍微贪慕荣誉名声，便都成为有名无实的奸伪之果；讲求道义、修炼德行，每一个心念都应从高远处建立根基，如稍稍计虑功效得失，便会落入沽名钓誉的尘俗之情。

〔点评〕

建功立业与讲道修德,分别从外向与内在两方面概括了古代知识分子的全部理想,再大而化之,就是孔夫子所说的"修身、齐家、治国、平天下"。

建功立业就要脚踏实地,不要羡慕那些虚名,讲道修德要励志高远,绝不能计较功效。这一虚一实,从修为的道理上讲很正确,很完美,但要在实际人生中真正做到,便要有恒心和意志力。

一二

身不宜忙,而忙于闲暇之时,亦可儆惕①惰气;心不可放②,而放于收摄③之后,亦可鼓畅天机④。

〔注释〕

①儆(jǐng)惕:同"警惕",使人警醒、戒惧。

②放:散漫、放纵。《尚书·毕命》:"虽收放心,闲之维艰。"这里所说的"放心",就是指放纵之心,所以古语又说"放心难收"。

③收摄:收聚,注意力高度集中。

④鼓畅天机:鼓畅,鼓动、激发使之畅达。天机,这里指人的天赋本性。

〔译文〕

人不宜太忙碌,但在闲暇时让自己忙一点儿,却可以提醒自己戒除怠惰之气;心性不可过于放纵,但在精神高度集中后稍稍放松一下,却可以激发人的天赋灵性,使之更加畅达。

〔点评〕

这里从励志与养生的双重角度,来辩证地阐释忙与闲。

既不要过忙，也不要过闲，悠闲时找点儿事做，紧张后放松一下。在放中收，在收后放，收放结合，张弛有度，既能励志，又可养生。

一三

钟鼓体虚，为声闻而招击撞；麋鹿性逸[1]，因豢养而受羁縻[2]。可见名为招祸之本，欲乃散志之媒[3]，学者不可不力为扫除也。

〔注释〕

①麋（mí）鹿性逸：麋鹿，一种哺乳动物。角像鹿，尾像驴，蹄像牛，颈像骆驼，但整体看哪一种动物都不像，所以又叫“四不像”。逸，奔跑。

②羁縻（jīmí）：束缚、拘禁，使之失去自由。縻，系（jì）住。

③媒：媒介。这里指原因。

〔译文〕

钟和鼓形体虚空，却因为声音传得远而招致撞击敲打；麋鹿天性超逸，喜爱自由奔放的生活，却因为贪恋现成的食物而被拘禁。可见，名声是招灾惹祸的根源，欲望是消磨意志的媒介，做学问的人不可不尽力扫除名利之心。

〔点评〕

名与利，是人们面临的两个最大诱惑。为了声名远播，人们不惜承受难以承受的重压；为了获取利益，甚至有人不惜冒着失去自由乃至生命的风险。作者用钟鼓与麋鹿的遭遇，警示人们必须戒除名利之心，从而远离伤害。

一四

一点不忍的念头，是生民生物之根芽[①]；一段不为的气节，是撑天撑地之柱石[②]。故君子于一虫一蚁不忍伤残，一缕一丝勿容贪冒[③]，便可为民物立命[④]，天地立心[⑤]矣。

〔注释〕

①根芽：植物的根与幼芽。比喻事物的根源、根由。

②柱石：顶梁的柱子和垫柱的础石。这里喻为基础、根本。

③贪冒：贪图财利。冒，冒充。这里也是贪的意思。

④立命：修身养性，使之明义理、守纲常，以奉天命、顺天地。民物：一作“万物”。

⑤立心：树立准则，合乎天地之心。

〔译文〕

一点不忍为害的念头，是供养民众、生养万物的根源；一段不为亏心事的气节，是顶天立地的柱石。所以作为君子，对一只毛毛虫、小蚂蚁那样的微小生灵都不忍伤害，对一根丝、一缕线那样的微小利益也不允许贪图，做到这两点，就可以教化民众修身养性以顺天地，就可以为天地树立准则了。

〔点评〕

孟子曰“恻隐之心，仁之端也”，又曰“我善养吾浩然之气”，这是此处立意的由来。立命立心，是古代士子的崇高追求。那么立命立心应该具备怎样的基本素养？作者在这里给出了两个基本条件：一是仁慈，二是气节。“一虫一蚁不忍伤残”，并不是不忍心踩死蚂蚁的那种妇人之仁，而是发自内心地对百姓民众的悲悯；“一缕一丝勿容贪冒”，则是对自身守廉自律，抑制贪欲，追求公理和正义的严格要求。只有具备了这两点，方可做立命、立心之事。

一五

拨开世上尘氛[①]，胸中自无火炎冰兢[②]；消却心中鄙吝[③]，眼前时有月到风来。

〔注释〕

①尘氛：本义是灰尘烟雾。这里指尘俗的气氛。

②火炎冰兢：比喻强烈的争斗与恐惧。火炎，这里指用火烧。比喻环境严酷。冰兢，表示恐惧、谨慎。《诗经·小雅·小宛》：“战战兢兢，如履薄冰。”

③鄙吝：鄙俗吝啬。

〔译文〕

拨开世上那些尘俗气氛，胸中自然就没有火烤般的苦痛、履冰般的戒惧；消除心中那些鄙俗的念头，眼前就会常有朗朗之明月、徐徐之清风。

〔点评〕

“火炎冰兢”与“月到风来”，带给人们两种截然不同的感受。但只要能“拨开”“消却”，火炎冰兢自无，清风明月自来。滚滚红尘中的人们，谁没历经过人情冷暖、世态炎凉？但解脱只在一念之间，即拨开尘氛，消却鄙念。

一六

穷理尽妙，钩深出重渊[1]之鱼；进道忘劳，致[2]远乘千里之马。

〔注释〕

①重(chóng)渊：极深的潭渊。

②致：达到。

〔译文〕

只有深入探究义理，才能尽得其中奥妙，就像钓鱼的人，鱼钩下得深，才能钓到深渊中的大鱼；要使道业精进，就得忘却身心劳顿，就像骑马的人，走过遥远的路，才知道所乘的马是千里良驹。

〔点评〕

任何道理的感悟、事业的成就，都要有"穷理"和"忘劳"的过程。深入细致地去探究、打磨，才能找到真知，领悟真理；不辞辛劳、乐此不疲地修省感悟，道业才能精进。现在不少人往往是通过阅读、浏览，获取一些碎片化的知识信息，很少有人去认真读一本书，去深入思考一些问题。所以，"穷理"与"忘劳"精神，对于现代人来说尤为重要。

一七

学者动静殊操[1]、喧寂异趣，还是锻炼未熟，心神混淆故耳。须是操存[②]涵养，定云止水中，有鸢飞鱼跃[③]的景象；风狂雨骤处，有波恬浪静的风光，才见处一化齐[④]之妙。

〔注释〕

①殊操：品行不一样。殊，不同。操，品行操守。

②操存：执持心志，不使丧失。《孟子·告子上》："孔子曰：'操则存，舍则亡，出入无时，莫知其乡，惟心之谓与！'"

③鸢（yuān）飞鱼跃：指万物各遂其性、各得其所。《诗经·大雅·旱麓》："鸢飞戾天，鱼跃于渊。"鸢，俗称老鹰，属猛禽。

④处一化齐：是指无论在何种情况下，行为举止都不发生变化。"一"与"齐"，意思都是同一。此乃庄子齐是非、齐物我的观点。

〔译文〕

做学问的人，如果在动荡或宁静的不同环境下，行为操守就有所不同，在喧嚣或寂寥的不同氛围中，志趣喜好就发生变化，这还是因为所受的磨炼不够精熟，心志神情存在混杂。必须执持心志、涵养心性，达到能在凝定的云朵里看到雄鹰飞翔，在静止的水中看到鱼龙潜跃的景象，或在狂风骤雨中看到波澜恬淡、浪涛沉静的风光，这样才能显现任尔万千变化、我自始终如一的妙境。

〔点评〕

人的行为举止随着客观环境的变化而发生变化，本来是常见的现象，但是对于做学问的人来说，这样就显得修养不够了。有足够修养的人，一定有足够的定力，风平浪静时看得到勃勃的生机，狂风暴雨中寻得到一份恬淡安然，一帆风顺时耐得住欣喜浮躁，身处逆境中仍不懈追求理想。不论外部境况怎样变化，在他们看来并无二致（处一化齐），他们对理想信念的追求也会一以贯之。

一八

心是一颗明珠。以物欲障蔽之，犹明珠而混以泥沙，其洗涤犹易；以情识[①]衬贴[②]之，犹明珠而饰以银黄[③]，其洗涤最难。故学者不患垢病，而患洁病之难治；不畏事障[④]，而畏理障[⑤]之难除。

〔注释〕

①情识：佛教用语。本义为情欲。这里指感觉与知识，或才情与识见。

②衬贴：一物附加于另一物作陪衬。

③银黄：白银和黄金。《韩非子·解老》："和氏之璧，不饰以五采；隋侯之珠，不饰以银黄。"

④事障：佛教用语。佛教称阻碍圣道的烦恼叫作障。佛教认为贪、嗔、痴等是达到涅槃的障碍，故曰事障。《圆觉经》："云何二障？一者理障，碍正知见；二者事障，续诸生死。"

⑤理障：佛教用语。佛教认为邪见能障碍真知，影响理性，故曰理障。

〔译文〕

人心像是一颗明珠。用物质享受的欲望遮蔽心灵，犹如将明珠混在泥沙之中，还比较容易洗涤干净；用才情识见遮蔽心灵，犹如用白银黄金装饰明珠，要洗涤干净就很困难了。所以做学问的人，不担心具体的泥垢污染之病，而担心看似洁净无尘的毛病难以医治；不害怕具体的事物障蔽心灵，而害怕邪见曲理，障碍真知的毛病最难消除。

〔点评〕

对于修业之人来说，如果把所患的毛病用学识、情趣加以粉饰，那就很难改正了。就像现在有些权势之徒收藏字画古玩，明明是贪欲作祟，却包装得风雅高尚，这种以学识和情趣包裹起来的缺点和错误，必须严加防范。就像佛教中所说的事障和理障，事障并不可怕，而理障阻碍人们的觉悟和正知，所以破除理障比破除事障更难。“事障障凡夫，理障障菩萨”，说的就是这个道理。

一九

躯壳的我要看得破，则万有①皆空而其心常虚，虚则义理②来居；性命③的我要认得真，则万理皆备而其心常实，实则物欲不入。

〔注释〕

①万有：宇宙间的一切事物。

②义理：合于一定的伦理道德的行事准则。

③性命：这里指本真、天理。

〔译文〕

对于物质躯壳的自我一定要看得透彻，这样世间万物才能看空，才能使心灵经常处于虚空状态，心灵虚空了，正确的道理、原则才能进驻;对于天理本性的自我要十分认真,这样万事万物之理心中就都具备了,心灵就会经常处于充实状态,心灵充实,物质贪欲就不会侵入。

〔点评〕

简单说,本条讲的是怎样对待两个“我”——肉体的我与精神的我。两个自我一实一虚,实者虚之,虚者实之,既是修身之要诀,也是修心之道理。肉体的我看破了,清空了,正确的道理与原则才进得来,住得下;精神的我丰富了,充实了,物质享受的贪欲就堵得住,进不来。

二〇

面上扫开十层甲①,眉目才无可憎;胸中涤去数斗尘②,语言方觉有味。

〔注释〕

①十层甲:比喻用来掩盖真实面目的重重伪装。五代后周王仁裕《开元天宝遗事·惭颜厚如甲》:唐进士杨光远,多矫饰,时人多鄙之,皆云“杨光远惭颜厚如十重铁甲”。

②数斗尘:比喻蒙蔽心智的种种欲念。尘,尘埃。

〔译文〕

脸上清扫开十层甲壳伪装,眉毛眼睛才让人觉得不再可憎;心中洗涤去数斗尘埃,谈吐言辞才让人觉得充满趣味。

〔点评〕

做人要真实坦诚,品位境界要高尚。与人相处,如果缺乏真诚,常常戴着层层虚假的面具示人,任尔演技高超,都会让人憎恶;如果没有高尚的境界,内心被物欲尘埃所蒙蔽,言辞就会平庸鄙俗,让人感觉乏味。

二一

完得心上之本来[①],方可言了心[②];尽得世间之常道[③],才堪论出世[④]。

〔注释〕

①“完得”句:是指要有一个完整的属于自己的内心世界。

②了心:使心了悟,佛教以明心见性为了悟。了,懂得、洞彻、明了。

③常道:永恒的道。道,指一定的法则、常有的现象,或支配事物运动变化的规律。《荀子·天论》:“天有常道矣,地有常数矣。”

④出世:脱离世俗社会。这里指不受到尘世的污染,超脱世事。

〔译文〕

完全了解了人本有的心性,才可以说是洞晓了人心;全部掌握了世间事物运动变化的一般规律,才有资格谈论脱离尘俗的问题。

〔点评〕

完全了解自己不易,尽得世间常道更难。一些人常以看破红尘自居,其实不要说红尘了,这些人往往连自己的内心都不了解,连自己都没看破;文人士子喜欢谈论出世,其实出世并非身体逃避凡尘,而是在了悟了世间常道之后,内心超然物外,超脱凡俗。

二二

我果为洪炉大冶[1],何患顽金钝铁之不可陶熔;我果为巨海长江,何患横流污渎[2]之不能容纳。

〔注释〕

①大冶:古称技术精湛的铸造金属器的工匠。

②污渎(dú):污浊浅小的水沟。渎,沟渠、水沟。

〔译文〕

如果我果真是大熔炉和冶炼大师,还担心有什么顽铜废铁不能熔铸吗?如果我果真是浩瀚的海洋和汹涌的江河,还担心有什么横溢的河流与污浊的沟渠不能包容吸纳?

〔点评〕

以洪炉大冶的热度和技术熔铸任何顽金钝铁,以巨海长江的胸怀容纳所有横流污渎,作者在该条中表现了宽广的胸襟和豪迈的气概。其实这是一种积极而正确的处世法则,对于社会上一些形形色色的人、一些污浊丑陋的事,不能只是一味抱怨鄙弃,如果我们真的修为高尚,心若江海,我们就应该包容、接纳、陶冶他们。

二三

白日欺人,难逃清夜之愧赧[1];红颜[2]失志,空贻[3]皓首之悲伤。

〔注释〕

①清夜之愧赧(nǎn):在清静的夜晚感到羞愧。赧,因羞愧而脸红。

②红颜:与下句“皓首”相对而言,分别指年少和年老。

③贻:遗留、留下。

〔译文〕

青天白日之下欺骗善良的人,夜深人静时扪心自问,难免会感到羞愧;年轻的时候没有树立志向,等到年老的时候,白白留下悲痛与感伤。

〔点评〕

亏心欺人之事不可为,不然,即便是一时得逞,没受到现实的责难惩罚,但自己扪心自问时的那种羞愧感,永远难以逃脱。年轻时一定要立志高远,并为之不懈努力,否则,年老时只会徒然悲伤后悔。汉乐府民歌《长歌行》说得太好了:“青青园中葵,朝露待日晞。阳春布德泽,万物生光辉。常恐秋节至,焜黄华叶衰。百川东到海,何时复西归?少壮不努力,老大徒伤悲。”

二四

以积货财之心积学问,以求功名之念求道德,以爱妻子之心爱父母,以保爵位之策保国家,出此入彼,念虑只差毫末[①],而超凡入圣[②],人品且判星渊[③]矣。人胡不猛然转念哉!

〔注释〕

①念虑只差毫末:念想差别很小。念虑,思虑。毫末,毫毛的末端,比喻极其细微。

②超凡入圣:指脱离凡尘,修道成仙。这里指达到超越凡庸的境界。

③星渊:天渊,比喻高下悬殊。

〔译文〕

用积攒货物钱财的心思积攒学问,用追求功名的意念追求道德,用疼爱妻子儿女的心思疼爱父母,以保护爵号官位的策略保护国家,出此念进入彼念,两种心念相差很小,却可超离凡尘、进入圣境,人的品格品位也会判若天渊。人们为什么不能猛然醒悟、转变念头呢?

〔点评〕

积攒钱财,追求功名,保全官职爵位,疼爱老婆孩子,这都是人之常情,本没有什么不应该,唯其出自常情,才自然而真诚。如果把这些心思用在积累学识、提升道德、疼爱父母、保全国家上,人的品格品位就会高尚得多,前者只是凡俗,后者乃近圣贤。由前一种心念进入后一种心念,差别并不大,遗憾的是,真正猛然醒悟、转变念头的人并不多。

二五

立百福之基,只在一念慈祥;开万善之门,无如寸心挹损①。

〔注释〕

①挹（yì）损：这里指抑制个人私念。挹，通“抑”。

〔译文〕

要想建立百世之福的根基，只在于有一个仁慈祥和的念头；想打开通向万善的大门，还不如稍稍抑制自己的私心杂念。

〔点评〕

“一念慈祥”和“寸心挹损”，分别从待人与律己两方面，讲述了怎样才能建立百世之福和打开万善之门，作者的观点是：仁慈即福，抑欲即善。一个慈祥的念头，就为你的百世之福建立了基础；想做很多善事，还不如把自己的私念压抑一点点。

二六

恣口体，极耳目①，与物攫铄②，人谓乐而苦莫大焉；隳形骸，泯心智③，不与物伍，人谓苦而乐莫至④焉。是以乐苦⑤者，苦日深；苦乐者，乐日化⑥。

〔注释〕

①恣口体，极耳目：指物质享受。恣，放纵，没有拘束。口体，吃、穿。耳目，听觉、视觉。

②攫（jué）铄：夺取消耗。攫，抓、夺。铄，削弱、耗损。

③隳（huī）形骸，泯（mǐn）心智：指不在乎衣着形象，不用心算计。隳，毁坏。这里与下句的“泯”，都当作放弃、不在意。泯，消灭、丧失。

④至：极、最。

⑤乐苦:因乐而苦。

⑥化:生出、升华。

〔译文〕

放纵于山珍海味和绫罗绸缎,极尽犬马声色的享受,夺取享用大量财物,表面上看起来很快乐,其实这样所带来的痛苦也很大;对自己不在乎饮食衣着,与人相处不用心计较、算计,不与物欲之人为伍,别人认为这样很清苦,但其中有最清纯的乐趣。这样,因为贪图享乐而品尝到苦果的人,痛苦只会日益加深;在清苦中体会到快乐的人,快乐才会不断产生、升华。

〔点评〕

这里主要是阐述作者的苦乐观。以极尽物欲享受为乐,所造成的内心里的痛苦也会很大,并且这种因为享乐而带来的痛苦只会越来越深;不为物欲羁绊,甘于淡泊清苦,其中自有外人体会不到的至真至纯的乐趣,并且这种由淡泊清苦所体会到的乐趣还会变化无穷,不断升华。在物质财富相对丰裕的今天,人们更应该有一种高尚的苦乐观。可以用正确的方式与态度去享用现代文明所带来的物质财富,但更应该以恬静淡泊为乐,以内心充盈为乐,以工作奉献为乐。苏轼词云"人间有味是清欢",是真好的言语。

二七

融得性情上偏私,便是一大学问;消得家庭内嫌隙,便是一大经纶[①]。

〔注释〕

①经纶：原意为理出丝的头绪并编之为绳，引申为重大谋略和政治才能。

〔译文〕

能融会各种人的性格特点、各种偏好，这也是为人处世的一大学问；能消除家庭内部的各种隔阂、矛盾，这也可以看作一种政治智慧。

〔点评〕

每个人的性格特点、兴趣偏好各不相同，优点、缺点往往同时存在于同一个人身上，所以，为人处世的一个重要原则，就是要多多包容、接纳、融合，其实这是一门大学问。有道是“清官难断家务事、家家有本难念的经”，如果能处理好家庭内部的各种矛盾，维持家庭的祥和统一，这可以看作具备了经纶天下的能力。传统文化认为，只有“齐家”，才能“治国、平天下”。《礼记·大学》：“所谓治国必先齐其家者，其家不可教，而能教人者，无之。”这种观点还是很有道理的，如果一个人连家都管理不好，如何能管理好国家？

二八

功夫自难处做去者，如逆风鼓棹①，才是一段真精神②；学问自苦中得来者，似披沙获金③，才是一个真消息。

〔注释〕

①鼓棹(zhào):奋力划桨。

②精神:这里指风采、神韵。

③披沙获金:沙里淘金,比喻多中取精。披,拨开。

〔译文〕

练功夫从难处下手的人,就像顶着风浪奋力划桨,这才能体现出真正的风采神韵;学问从努力苦读中得来的人,就像从沙里淘出纯金,这才是做学问的真正造诣。

〔点评〕

练功习武与读书做学问一样,若想取得成绩,就得不怕困难,吃得了苦。不经历闻鸡起舞、冬练三九、夏练三伏,不可能练得真功夫;"板凳要坐十年冷",没有头悬梁、锥刺股、夜偷光的苦读,就不可能成为一代鸿儒。其实,做任何事情都一样,凡成就卓然者,无不是"逆风鼓棹""披沙获金"的人,古今中外,概莫能外。

二九

执拗者福轻,而圆融[①]之人,其禄必厚;操切[②]者寿夭,而宽厚之士,其年必长。故君子不言命,养性即所以立命;亦不言天,尽人[③]自可以回天。

〔注释〕

①圆融:周全而融通。

②操切：急切严厉。

③尽人：充分发挥自己的天性。

〔译文〕

固执任性的人福报少，而那些处世周全融通的人，禄报一定会比较丰厚；暴躁严厉的人寿命短，而那些性情宽宏敦厚的人，寿命必定会长些。所以，道德修养高尚的人不说命运，他们修身养性的目的就是安身立命；也不谈论天意如何，他们相信，只要尽自己的本性潜能，就能扭转、挽回局势。

〔点评〕

作者阐释的观点是：人的福分、禄命，取决于他的性格性情。这种观点还是很有道理的。试想，一个偏执任性的人，不可能有多好的福报禄养；一个性情乖戾暴躁的人，想要长命百岁真的很难。孔子曾经批评过任性的子路“不得其死然”，不幸的是，子路真的在一次卫国大夫的争斗中死于非命。一些人往往会抱怨命运，其实命运就在自己手里，待人宽厚圆融，对己修身养性，不断强化自身道德修养，就能逢凶化吉、安身立命。

三〇

才智英敏者，宜以学问摄①其躁；气节激昂者，当以德性融其偏。

〔注释〕

①摄：吸取、吸收。

〔译文〕

对于才华、智慧杰出敏捷的人，适合用不断充实知识的方式，来收摄化解他的浮躁之气；对于那些激烈高亢、锋芒外露的人，应当用修德养性的方式，来融合、化解其偏激的地方。

〔点评〕

人的性格、智力千差万别，不同的材质要用不同的方式去雕琢。天资聪颖的人可能恃才而骄，应该引导他们克服心气浮躁的毛病，踏踏实实地做学问。志节激昂、疾恶如仇的人往往态度偏激，应当通过不断加强自身修养，学会接纳与宽恕，来缓和他们个性中过于激昂的部分。不同的人用不同的方法对待，不同的病症用不同的药医治，如果从教育人的角度说，就是孔夫子所说的“因材施教”。

三一

人欲①从初起处翦②除，便似新刍遽斩③，其工夫极易；天理自乍明时充拓④，便如尘镜复磨，其光彩更新。

〔注释〕

①人欲：人的各种欲念。

②翦：旧时同“剪”。

③新刍遽(jù)斩：新刍，新生出来的饲草。遽，本义是送信的快车或快马。这里是立即、赶快。

④充拓：充实扩展。

〔译文〕

人的欲望如果从刚萌生时就剪除它，就像斩除刚长出的小草一样，所用工夫非常容易；道德伦理在孩子刚懂事理的时候就进行灌输拓展，就像蒙尘的铜镜重新磨光以后，其光彩更加焕然一新。

〔点评〕

就如何修省，该条讲了两方面：一是慎初慎小，防微杜渐；二是修省要趁早，心智“乍明”时，就要灌输正确的价值观。树木是一天天长大的，斩除一棵小草容易，砍掉一棵大树很难；贪欲是一步步养成的，如果起初就泯除各种欲念，贪心就不会得以膨胀。一个人的内心里，如果从小就被道德纲常等正面的理念所充填，那么他一定会有光明的人生。

三二

一勺水，便具四海水味，世法①不必尽尝；千江月，总是一轮月光，心珠②宜当独朗。

〔注释〕

①世法：佛教用语。佛教把世间生灭无常的事物都叫作世法。

②心珠：佛教用语。佛教认为众生之心性为本来清净之佛性，故喻之为明珠。

〔译文〕

一勺普通的水，就具备了所有水的味道，所以，一个人不必把行世之法都体验一遍;一千个江中月,其实是同一轮明月所照,所以,人的真心这颗明珠应该始终皎洁明朗。

〔点评〕

人生有限,不可能也没必要把人世间所有事理无常都经历一遍。其实,洞彻的人,得一法便知世间之法,就像江水中的月亮,千万条江河中的月亮,辉映的是同一轮明月的光芒。正如佛法所言:“一即一切”“一切即一”。

三三

得意处论地谈天,俱是水底捞月;拂[1]意时吞冰啮雪,才为火内栽莲[2]。

〔注释〕

①拂(fú):违背。

②火内栽莲:比喻稀有,引申为身陷火炕,却洁己不毁。《维摩诘经·佛道品》:“火内生莲花,是可谓稀有。在欲而行禅,稀有亦如是。”

〔译文〕

人在得意之时,说天论地,夸夸其谈,天花乱坠,其实都是水中捞月,空谈而已,并没有真实的功夫和受用;而只有在失意之时,历经吞雪啃冰般的艰难困苦而不堕其志的人,才是真正的英才,像火中的莲花那样难得。

〔点评〕

人生与事业,都会有顺境与逆境。处于顺境时,切忌夸夸其谈，忘乎所以，得意忘形，而应该时刻保持头脑清醒，处处小心谨慎；处于逆境时，不能消极埋怨，放弃追求，自甘沉沦，而应当沉着镇定，矢志不渝，经得起艰难困苦的考验。“艰难困苦，玉汝于成”，不论是做学问还是修德养性，其理皆然。

三四

事理因人言而悟者，有悟还有迷，总不如自悟之了了①；意兴②从外境而得者，有得还有失，总不如自得之休休③。

〔注释〕

①了了：了悟，清楚明白。

②意兴：意境和兴致。

③休休：这里指安闲自得的样子。休，安逸、美好。《诗经·唐风·蟋蟀》：“好乐无荒，良士休休。”

〔译文〕

事理因为别人开导才能领悟的，虽然有所领悟，但还有迷惑，总不如自己领悟到的清楚明白；兴致因为外部环境才能获得的，虽然有所得到，但也有所遗失，总不如有颗悠然自得的心来得安逸。

〔点评〕

很多做人做事的道理，需要别人的点拨指引，但仅仅靠别人指点，只能就一事明一理，要成为一个通晓事理的人，终究要以良好的道德修养为基础，靠自己用心去感悟。正如陆游在写给儿子的一首诗中说的，“纸上得来终觉浅，绝知此事要躬行”。人的兴致、快意，不能全靠外部环境得来，人们所能触及的外部环境总是有限的，外部环境也在不断变化，不如修身养性，调节心情，使自己保持一颗悠然自得的心。

三五

情①之同处即为性②，舍情则性不可见；欲之公处即为理③，舍欲则理不可明。故君子不能灭情，惟事平情④而已；不能绝欲，惟期寡欲而已。

〔注释〕

①情：这里指人之所愿。

②性：人的本性。

③理：天理，指纲常伦理道德等。

④平情：公允而不偏于感情。

〔译文〕

众人意愿的相同之处就是人的本性，舍弃意愿，人的本性就不能显见；众人欲望的公共部分就是天理道义，舍弃欲望，天理道义就无以明确。故而君子不能消灭人的欲望，只能追求公允无私，不偏不倚；不能灭绝欲望，只能清心养性，节制欲望而已。

〔点评〕

这里主要是谈怎样面对“人欲”。宋代程朱理学要求人们要“存天理，灭人欲”，认为“学者须是革尽人欲，复尽天理，方始为学”，把天理与人欲视为完全对立、水火不容。究竟什么是天理？天理与人欲究竟是怎样一种关系？作者认为，“欲之公处即为理”，人们不应该也不可能“灭情”“绝欲”，只是应该“平情”“寡欲”而已。较之于程朱理学，无疑作者的观点更具人情味，也更切合“天理”，这也是《菜根谭》之所以深受人们喜爱的主要原因。

三六

言行相顾，心迹①相符，始终不二，幽明无间②。易世俗所难③，缓时流④之急，置身于千古圣贤之列，不屑为随波逐浪之人。

〔注释〕

①心迹：存心与行事。

②幽明无间(jiàn)：夜晚与白天没有什么差别。幽明，昼夜。间，空隙、隔阂。这里指差别。

③易世俗所难：把世俗之人所难之事，当作容易的事情。

④时流：世俗之辈。

〔译文〕

说话与做事要相互顾及，想的和做的要相互符合，这样始终如一，任何时候都不改变自己的原则。把世俗之人所难之事当作容易的事情，把世人认为很急迫的事看得可以舒缓，将自身置于千古圣贤的行列之中，用千古圣贤的标准规范自己，不屑于做那种随波逐流的人。

〔点评〕

做人语言与行动一致，心里想的与实际做的相符，并且一以贯之，这个标准已经不低了，如果再将自身置于千古圣贤之列，用千古圣贤的道德标准要求自己，那就已经近乎千古圣贤了。且不说作者不与时流为伍的态度对不对，这种以成为千古圣贤为目标追求的精神，还是值得尊崇的。

三七

欲遇变而无仓忙[①]，须向常时念念守得定；欲临死而无贪恋，须向生时事事看得轻。

〔注释〕

①仓忙：仓促、匆忙。这里指惊慌失措。

〔译文〕

要想遭遇变故而无仓促忙乱之举，就必须在平常时每一个心念都守得牢不可破；要想面临死亡而对万事万物无所贪恋，就必须在活着时把每一件事情都看得轻如过眼云烟。

〔点评〕

世事无常，生命短暂。只有平时对各种情况都深思熟虑，对各种事情都有缜密的思考和坚定的信念，遭遇变故时才不至于匆忙慌乱；只有活着的时候对物质利益、名誉荣辱等身外之物看轻看透，临终的时候才能从容安详，不再因为种种眷恋而痛苦、恐惧。这就是事事有预设，人生才淡然。

三八

尘许栴檀[①]彻底香，勿以微善而起略退之念；毫端鸩血[2]同体毒，莫以细恶而萌无伤之芽。

〔注释〕

①尘许栴(zhān)檀：尘许，像灰尘那样大小。栴檀，香木。《佛说观佛三昧海经》卷第一："牛头栴檀虽生此林，未成就故，不能发香；仲秋月满，卒从地出，成栴檀树，众人皆闻牛头栴檀上妙之香。"

②毫端鸩(zhèn)血：像毫毛尖尖那样一点点鸩血。毫端，毫毛梢端，极言其细小。鸩，传说中的一种毒鸟，用它的羽毛泡酒，喝了就能毒死人。

〔译文〕

像尘埃那样大小的一粒栴檀，也能散发出沁人心脾的香气，不要因为是微小的善事，就起退却不做的念头；像毫毛尖尖那样一点点鸩血，与它身上的毒性是一样的，不要以为过错很小，就萌生没有伤害的想法。

〔点评〕

积善与戒恶一样，都应该从点滴小事做起，积小善为大善，戒小恶至无恶。这个道理，蜀汉先主刘备在告诫儿子刘禅的遗诏里已经说得很明白了："勿以恶小而为之，勿以善小而不为。"

三九

一念过差，足丧生平之善；终身检饬[1]，难盖一事之愆[2]。

〔注释〕

①检饬(chì)：检点约束，谨言慎行。饬，整治、整顿。

②愆(qiān):过失、罪过。

〔译文〕

一念之间的过失、差错,足可以丧失平生的善德;终生检点、谨慎,也难以掩盖一件事的罪过。

〔点评〕

这有些类似于现代管理学上的“木桶原理”:一个木桶的最大容量,将取决于组成这个木桶的最短的那块木板。做人与修德也是这样,一念之差,一辈子的善行可能全都被抹杀;一辈子自省矫正,只要有一次罪过,也难以掩盖。

其实对于这个问题,从科学的态度来说应该从两方面去着眼。对于他人,不能求全责备,而应该多想想别人的好,多看看别人的长处与优点;对于自己,则应该严格要求,务必事事谨慎、念念为善。

四〇

从五更枕席上参勘心体①,气②未动,情未萌,才见本来面目;向三时③饮食中谙练④世味,浓不欣,淡不厌,方为切实工夫。

〔注释〕

①参勘心体:审视查验自己的心念。参勘,审视、反省。心体,指思想。

②气:人的元真之气。

③三时:早、午、晚。

④谙(ān)练：熟悉、熟练。

〔译文〕

躺在五更的枕席之上审视、参省自己的内心，这时人的元气尚未开始运行，情绪上也没有任何杂念萌生，才能看见自己本来的面目；在每天的三餐饮食中熟悉人世滋味，佳肴香嫩浓郁不欣喜，菜饭寡淡无味也不厌倦，才是切切实实的修养真功夫。

〔点评〕

在五更枕席上参省自己的内心，在三餐饮食中谙熟世间滋味，这种修省方式真是到了见缝插针、无时不在的境地，但我们又不得不承认，这种修省方式有其独到的作用。明代心学大师王阳明说："黎明时分，天地混沌初开，万物逐渐显露，人的耳朵开始有所闻、眼睛有所睹，身体上的所有孔窍全都张开，这就是良知妙用发生之时。"这个时候进行自我省察，最能见得自己的本来面目。在每日的早、中、晚三餐中体验人情世味，是从餐桌到社会的演练，三餐有浓淡，世态有炎凉，不因美味佳肴而欣喜，不因粗茶淡饭而厌恶，这才是心性修养的真功夫，以这样的真功夫面对社会，任他炎凉交互，我自无喜无厌。

应 酬

（四一～九〇）

四一

操存要有真宰①，无真宰则遇事便倒，何以植顶天立地之砥柱②？应用要有圆机③，无圆机则触物有碍，何以成旋乾转坤之经纶？

〔注释〕

①操存要有真宰：操守、志向要有自己的主见。操存，操守、志向，即平时的品行志节。真宰，宇宙万物的主宰，指自然之性。这里指主见。

②砥柱：砥柱山，在今河南省三门峡市，在黄河激流中矗立如柱，故名。比喻能支撑危局的人或力量。

③圆机：比喻超脱是非，不为外物所拘牵；也指见解超脱，圆通机变。

〔译文〕

执持心志要有自己的主见，没有主见，遇到事情就会随风倒，怎能成长为顶天立地的中流砥柱？实际应用则需要圆融变通，不会变通，接触事物就容易遇到阻碍，怎么能干成扭转乾坤的大事呢？

〔点评〕

这里谈持有主见与懂得变通的辩证关系。一个人没有主见，人云亦云，就是一棵随风倒的墙头草，这样的人不可能担起大任；一个人不懂得变通（哪怕自己的意见再正确），接触到事情就会遇到障碍，自己的远大抱负也就难以实现。

内心里既要坚守自己的主见，应用中又要懂得圆融变通，还是那句老话：做任何事情，都是原则性与灵活性的统一。

四二

士君子①之涉世，于人不可轻②为喜怒，喜怒轻，则心腹肝胆皆为人所窥；于物不可重为爱憎，爱憎重，则意气精神悉③为物所制。

〔注释〕

①士君子：有学问、有修养的人。

②轻：这里指轻易。

③悉：全、都。

〔译文〕

有学问有道德的人经历世事，对人不能轻易流露喜怒之情，轻易喜怒，自己的内心就全被别人窥探到；对待物质生活不能过于表露爱憎之意，过于爱憎，自己的精神意志就全被物质控制。

〔点评〕

有文化有修养的人为人处世，对人喜怒不形于色，于物不过分喜好。情绪表露人的内心世界，轻易喜怒就容易被别人看透，所以，喜怒不形于色，往往被看成高人的修养。过于喜好某种事物，就会对某种事物感情陷得太深，精力投入太大，精神意志就会被物所控制，自己就成了物的奴隶。于人戒喜怒，于物轻爱憎，这才是有修养的人。

四三

倚高才而玩世①，背后须防射影之虫②；饰厚貌以欺人，面前恐有照胆之镜③。

〔注释〕

①玩世：放荡不羁，轻蔑世事，以不严肃的态度对待生活。

②射影之虫：这里指暗地中伤者。《搜神记》："有物处于江水，其名曰蜮，一曰短狐，能含沙射人。所中者，则身体筋急，头痛发热，剧者至死。"后用"含沙射影"比喻阴谋陷害。

③照胆之镜：这里指假面孔被人看穿。《西京杂记》："高祖初入咸阳宫有方镜，能照人五脏，及女子有邪心者，则胆张心动。"

〔译文〕

依仗着自己才华出众，就放荡不羁、玩世不恭，需要防备背后有小人诋毁陷害；装出一副忠厚老实的样子，以此来欺骗别人，面前恐怕会有照出人肝胆正邪的镜子。

〔点评〕

作者在本条中谈论的是"真性情"与"善伪装"两种处世方式。恃才傲物，玩世不恭，以游戏人间的态度对待生活，这固然倜傥潇洒、痛快随性，但这样做人容易遭人嫉恨，所以一定要防备有人陷害中伤；假装出一副忠厚的面貌来欺骗别人，也许能蒙骗人一时，但蒙骗不了一世，假的就是假的，伪装终会被人拆穿。相比于以上二者，正确的处世态度是：既要保持真性情，以真实的面目示人，又不要自恃才高，嬉戏人生，更不能伪装蒙骗，欺世盗名。

四四

心体澄彻①，常在明镜止水②之中，则天下自无可厌之事；意气和平，常在丽日光风③之内，则天下自无可恶之人。

〔注释〕

①澄彻：清亮透明。

②止水：古代祭祀用的净水。

③丽日光风：这里指平静和谐的状态。光风，雨止日出时的和风，或月光照耀下的和风。

〔译文〕

如果心境清亮透明，好像经常映照在明镜净水之中，那么天下自然就没有让人厌烦的事情；如果内心和顺平静，好像时常沐浴在明媚的阳光和雨后的微风里，那么世上自然就没有让人憎恶的坏人。

〔点评〕

我们可能会经常遇到一些烦心的事与可恶的人，其实出现这种情况的主要原因,还是我们自己的情绪、态度问题。如果我们的内心世界透彻明净,心态平和圆融,那么就不会觉得世上有那么多让人讨厌的事情和可恶的人。不是因为自己心态好,世上就不存在讨厌的事情和可恶的人了,而是自己能够用平和的心态去包容人和事,不会让他们扰乱自己的情绪与生活。

外面的世界纷乱繁杂,自己的心情自己做主。以清风明月之心,看世间万物皆然,说到底,还是一个修为问题。

四五

当是非邪正之交①,不可少②迁就,少迁就则失从违之正③;值利害得失之会,不可太分明,太分明则起趋避④之私。

〔注释〕

①交:某一时刻、时机的到来。意同下文"之会"的"会"。

②少:稍微、稍有。少,通"稍"。

③从违之正:赞同或反对的标准。从违,依从或违背。正,标准、准则。

④趋避:趋,靠近。避,躲开。

〔译文〕

当是与非、邪与正交锋之时,不可稍有迁就,稍有迁就,就会失去依从的准则;当利与害、得与失交集之际,不可看得过于分明,过于分明,就会引起趋利避害的私念。

〔点评〕

在事关邪恶与正义、大是和大非的原则问题上,绝不能含糊其词，迁就推诿。必须立场坚定，旗帜鲜明，不然就会让人感觉你态度暧昧，缺乏担当，不堪重托，不可信任。当有关个人利害得失的各种情况摆在一起的时候，则不要分得太清，分得太清，别人就会感觉你是个过分计较个人得失的人。在无关原则问题的事情上处事圆融，在正义与邪恶面前敢于担当、旗帜鲜明，这是人们立身处世的两方面，二者并不矛盾。

四六

苍蝇附骥①，捷则捷矣，难避处后②之羞；茑萝③依松，高则高矣，未免仰攀之耻。所以，君子宁以风霜自挟，毋为鱼鸟亲人④。

〔注释〕

①苍蝇附骥：苍蝇附在千里马的尾巴上，可以很快到达千里之外。比喻依靠别人的声望而成名。《史记·伯夷列传》："伯夷、叔齐虽贤，得夫子而名益彰；颜渊虽笃学，附骥尾而行益显。"司马贞《史记索隐》："苍蝇附骥尾而致千里，以譬颜回因孔子而名彰也。"

②处后：处于人后，指依附于别人。《战国策·秦策一》："臣闻鄙语曰：'宁为鸡口，无为牛后。'"

③茑(niǎo)萝：蔓生草本植物。这里比喻依附攀缘权贵。《诗经·小雅·頍弁》："茑与女萝，施于松柏。"

④鱼鸟亲人：像鱼和鸟那样，乐于与人亲近而受宠。此处意为依附他人。《世说新语·言语》："觉鸟兽禽鱼自来亲人。"

〔译文〕

苍蝇落在马屁股上，虽然比自己飞行快得多，但难以避免跟在别人后面的羞惭；茑萝附着于松柏上，虽然能攀爬得很高，但未免有依附攀缘的耻辱。所以,有节操的人宁做松柏,顶风斗霜,傲然屹立,也不会像鱼儿和小鸟那样去邀宠依附他人。

〔点评〕

献媚邀宠,依附权贵,狐假虎威,这种事情,格调低下的人乐在其中,但有松柏气节的君子不为,关键在于人的荣辱观不同。像苍蝇叮在骏马尾巴上,奔跑的速度是很快,像茑萝依附在松树上,攀缘的高度是很高,这在某些人看来,可能是一件很荣耀的事,但品格高尚的人则认为,这样跟在别人屁股后面,攀附别人,是一种很让人羞愧、耻辱的行为。看来,做人有个正确的荣辱观很重要,所以孟子说:"耻之于人大矣。"

四七

好丑①心太明,则物不契②;贤愚心太明,则人不亲。士君子须是内精明而外浑厚,使好丑两得其平,贤愚共受其益,才是生成的德量③。

〔注释〕

①好丑:好歹,好与坏。
②契:契合、投合。
③德量:气量、度量。

〔译文〕

美丑、好坏之心太分明,就很难与人融合;贤明愚拙之心太分明,就很难与人相亲。有学识、有道德的士人、君子须是内心精细、明察而外表浑朴、敦厚,使美丑、好坏都得到平允对待,使贤士、愚人都能受益，才是养育万物的宏大气量。

〔点评〕

作者在本条中谈论的问题，主要涉及两个范畴。从客观上说，世上的人千差万别，美丑贤愚是一种客观存在，不以我们的意志为转移。但美丑贤愚是相对的，完全用自己的标准去界定外物与他人的美丑贤愚，这本身就是不合理、不科学的。从主观上说，有学识、有道德的士人、君子应该有涵养万物的宏大气量，内心精细、洞彻而外露浑厚、圆融，美丑贤愚都看得顺、容得下。与人相处，如果美丑贤愚之念过于分明，对人太过苛求，那么跟周围的环境就会格格不入，难以形成良好的人际关系。古人说得对，“水至清则无鱼，人至察则无徒”。

四八

伺察[1]以为明者，常因明而生暗，故君子以恬[2]养智；奋迅[3]以为速者，多因速而致迟，故君子以重持轻。

〔注释〕

①伺察：侦视、探察。

②恬：恬淡、安静，心神安适。

③奋迅：形容鸟飞或兽跑迅疾而有气势。

〔译文〕

把侦视、观察当成精明的人，常常因为自视精明而陷入愚昧，所以君子以恬淡平和涵养智慧；把飞奔当成迅速的人，大多欲速则不达，所以君子应以稳重、谨慎对待轻微小事。

〔点评〕

这里作者告诫人们应该避免两种情况：善于抓住琐屑的事情不放，这种人看似明察秋毫，但眼界不高，格局不大，做人行事往往是一叶障目，挣不脱，跳不出，常常因为囿于精明细微而陷入愚昧；做事雷厉风行，急于求成，很可能因为操之过急而出现失误，出现各种预想不到的问题，最终欲速则不达。所以真正有修养的人，看问题不拘泥于琐屑小事，而是从全局着眼，以恬淡的心态去面对，做任何事情都不匆忙慌乱、急于求成，而是谨慎持重，步步为营。

四九

士君子济人利物①，宜居②其实，不宜居其名，居其名则德损；士大夫忧国为民，当有其心，不当有其语，有其语则毁③来。

〔注释〕

①济人利物：这里指施善行，给人以恩惠。济，接济。利，有利于。

②居：停留、处于。

③毁：诽谤、诋毁。

〔译文〕

有学识、有修养的人做善事接济别人，应该讲求对别人的实际作用，而不应该贪图给自己留下好名声，如果图慕虚名，道德修养就会受到损害；居身为官者忧国忧民，应当从心里切切实实地为国家、为百姓着想，而不应只是挂在嘴上，说出来如果做不到，就会招致诋毁、打击。

〔点评〕

济人利物居实不居名，忧国忧民用心不用语。遗憾的是，现实生活中，我们经常见到一些人的做法与作者所说的“士君子”“士大夫”的要求相去甚远。有些人乐施行善，不是从别人的实际需要出发，不把着眼点放在实际功效上，而是为行善而行善，只图为自己累积行善的名声；官员们操劳国事为民造福，不是把它当作自己的分内之事，不是把这种理想放在心里，落实到行动上，而是整天标榜、显示、炫耀自己的政绩。沽名者非真善，忧民者要真心。

五〇

平居息欲调身①，临大节则达生②委命③；齐家量入为出，徇大义则芥视千金。

〔注释〕

①息欲调(tiáo)身：止息欲念，调养身体。

②达生：指参透人生，不受世事牵累的处世态度。《庄子》郭象注曰：“生之所无以为者，分外物也。”

③委命：寄托生命，寓意牺牲生命。

〔译文〕

平日闲居时清心寡欲，调养身体，但临大事时，却要通达人生，舍得性命；治理家业要量入为出，节约用度，但临大义扶危救困之时，则要慷慨解囊，视千金若草芥。

〔点评〕

平时清心寡欲，爱惜好自己的身体，但是在临大节的时候看得通达，舍得性命，这就是儒家倡导的“当为天下养身，不当为天下惜身”。居家过日子，要坚持量入为出、节俭结余的原则，只有自己平时有所盈余，在他人需要救助的时候，才可以慷慨解囊，施以援手。

五一

遇大事矜持①者，小事必纵弛；处明庭②检饰③者，暗室必放逸。君子只是一个念头持到底，自然临小事如临大敌，坐密室若坐通衢④。

〔注释〕

①矜持：拘谨、庄重。

②明庭：古代帝王祭祀神灵之所，引申为庄严之地。

③检饰：检点约束，谨言慎行。饰，通“饬”，整治、修饬。《管子·牧民》：“守国之度，在饰四维。”

④通衢(qú)：四通八达的大道。

〔译文〕

遇到大事才摆出拘谨庄重模样的人，对待小事必定放纵弛懈；身处明亮厅堂方知检点约束自己的人，居幽暗内室必定放荡纵逸。而有修养的人只是一个念头坚持到底，自然碰上小事如同遇到大事，独坐密室俨若坐于大街。

〔点评〕

这里说的是一些人明处与暗处、当面与背后的不同。经验告诉我们,遇到大事貌似郑重其事的人,在小节上可能对自己非常放纵;在公众场合才检点修饰自己的人,在私底下可能非常放纵随便。这种表现,根本的原因还是道德修养的欠缺。品德高尚的人,遇小事如同临大事,处密室如同临通衢,处理任何事情,处于任何环境下,都不被情势左右,都不因环境改变,始终如一地保持那种真诚的态度和高度的自觉,这才是真正的君子。

五二

使人有面前之誉,不若使其无背后之毁;使人有乍交[1]之欢,不若使其无久处之厌。

〔注释〕

①乍交:刚刚开始交往。乍,开始、起初。

〔译文〕

让别人当面赞誉你,不如让他别在背后诋毁你;让别人感到刚刚交往的欢欣,不如让他不产生长久相处的厌烦。

〔点评〕

人都具有社会属性,生活在各种社会关系中,任何人都必须面对与人交往、被人评价的问题,传统的儒家思想强调修身、齐家、治国、平天下,所以更注重社会生活中人际关系的协调。让人当面赞誉固然好,但不如不让人背后说坏话;刚结识就让人感觉到欢欣愉悦很重要，但更重要的是应该让人觉得与你长处不厌。而要做到这样，自己就必须在方方面面都让人无可挑剔，必须持之以恒、表里如一。所以说，让人背后无毁、久处不厌，不只是一个处世技巧问题，更是一个道德修为问题。

五三

善启迪人心者，当因其所明而渐通之，毋强开其所闭①；善移易风化②者，当因其所易而渐反③之，毋轻矫④其所难。

〔注释〕

①闭：关闭，堵塞不通。
②风化：社会风俗、教化。
③反：翻转的意思。同“翻”。一作“及”。
④矫：矫正、改正。

〔译文〕

善于启迪别人心智的人，应当根据别人似有所明的道理加以引导，从而使他逐渐通晓达理，不要强行开启他心智中仍然关闭不通的部分；善于改变社会风气的人，应当从容易改变的地方逐渐加以扭转，不要试图轻率地矫正一时难以改变的习惯。

〔点评〕

这里说的是教育人和转变社会风气的问题。教育人要“因材施教”，这个道理人们都懂，但除了因材施教，还要“因势利导”，应该循循善诱，根据他已经明白的道理加以引导，强行灌输他听不懂的知识、道理，事倍功半。转变社会风气要“顺势而为”，沿着人们容易改变的方向逐步推进，不要试图轻易纠正人们长期形成的难以改变的习惯。因材施教、因势利导、顺势而为，可以看作教化世人、淳化世风的三大法宝。

五四

彩笔描空，笔不落色，而空亦不受染；利刀割水，刀不损锷①，而水亦不留痕。得此意以持身涉世，感与应②俱适，心与境两忘矣。

〔注释〕

①锷(è)：刀剑的刃。

②感与应：佛教用语。众生以其精诚感动神明为“感”，神明应之为“应”。这里引申为外界影响与自身反应的互动。感，感觉、感受。应，接受、适应。

〔译文〕

用彩笔在空中描画，笔上的颜色不会掉落，而空中也不会受到污染；用利刀切割水面，不会损伤到刀刃，水面上也不会留下划痕。悟出这个道理，用以修身处世，就能做到对外界的感受与做出的反应都恰如其分，自己的内心与身外之境两两相忘了。

〔点评〕

以“彩笔描空”“利刀割水”来比喻持身涉世，确实空灵而又玄妙，其实这里面蕴含着人生的大智慧。这里的“空”与“水”可以看作客观世界、尘世社会，“彩笔”与“利刀”可以看作我们每一个生命主体，无论我们怎样去“描”“割”，“空”与“水”都不会“落色”“留痕”。明白这个亦道亦禅的道理，我们为人处世时就应该对外部世界做出恰如其分的应对，达到物我两忘的境地。

五五

长袖善舞，多钱能贾[1]，漫炫[2]附魂之伎俩；孤槎[3]济川[4]，只骑[5]解围，才是出格之奇伟。

〔注释〕

①“长袖”二句：比喻有所依靠，容易把事情做成。《韩非子·五蠹》：“鄙谚曰：‘长袖善舞，多钱能贾。’此言多资之易为工也。”贾（gǔ）：行商，做买卖。

②漫炫：随便夸耀。

③槎（chá）：木筏，也泛指船。

④济川：渡河。

⑤只骑（jì）：指单枪匹马。骑，一人一马为一骑。

〔译文〕

穿着长袖子的衣服才能翩翩起舞，有了很多钱才能做生意，这都是炫耀、肤浅的表面功夫；撑起一叶孤舟就能渡人过河，单枪匹马也能给别人解围，这才是不一般的奇伟之才。

〔点评〕

“长袖善舞，多钱能贾”，这种事情相对容易做到。如果一个人手里的资源本来很少，却还能在别人需要的时候去接济别人；一个人自己的处境已经非常艰难，却还能在别人遭遇危困时义无反顾地去解救，这才真正是了不起的大英雄。这种"孤槎济川，只骑解围"的精神，更加值得我们推崇。

五六

己之情欲不可纵，当用逆之之法以制之，其道只在一"忍"字；人之情欲不可拂，当用顺之之法以调之，其道只在一"恕"[①]字。今人皆恕以适己，而忍以制人，毋乃不可乎？

〔注释〕

①恕：儒家所提倡的伦理道德，即以仁爱之心待人，这里指宽恕、原谅。《论语·里仁》："夫子之道，忠恕而已矣。"

〔译文〕

自己的情感欲望不可放纵，应当用拂逆情欲的方法来克制它，其方法只在一个"忍"字；别人的情感欲望不可拂逆，应当用顺势利导的方法去调节它，其方法只在一个"恕"字。当今世人都把宽恕留给自己，以满足私欲，却把隐忍留给别人，以压制别人的欲望，这样恐怕不行吧？

〔点评〕

这里谈怎样对待自己的欲望与别人的欲望。纵观整册《菜根谭》，作者从不要求人们灭欲，而是从不同的角度，反复向人们阐述应该怎样面对欲望。作者认为，对于自己的欲望不可放纵，而应该克之忍之；对于别人的欲望不可直接拂逆，而应当因势利导，勉之恕之。"忍"字可以独善其身，可以不断提升自己的道德修养。“恕”字可以建构良好的人际关系，可以走出兼济天下的第一步。如果反过来，把宽恕用在自己身上，用隐忍去要求别人，那肯定是行不通的。

五七

好察[1]非明，能察能不察之谓明；必胜非勇，能胜能不胜之谓勇。

〔注释〕

①好察：喜欢弄清楚。好，爱好、喜欢。察，仔细看。

〔译文〕

喜欢把所有事情看得清清楚楚，并非明智，该看清的看清楚、不该看清的就不看清楚，才是真正的明白人；逢战必须战胜所有对手，并非勇士，既赢得下，又输得起，才是真正的勇士。

〔点评〕

该清楚的时候清楚，该糊涂的时候糊涂，即便看破也不说破，从消极的方面说，似有油滑使诈之嫌，从积极的方面看，这既是做人的智慧，也是一种修为境界。如果把身边所有的人、所有的事都看得一清二楚、一览无余，身边的人将会怎样看待你？欲成就大事业者要有大视野，不要在无伤大雅的小事上较真。在无关原则的问题上要给别人留有空间，才能为自身发展创造良好的外部环境。同样的道理，能赢也能输、赢当赢之赢、输应输之输者，才是真的勇士。

五八

思入世而有为者，须先领得世外风光，否则无以脱垢浊之尘缘①；思出世而无染者，须先谙②尽世中滋味，否则无以持③空寂之苦趣。

〔注释〕

①尘缘：佛教、道教指人与尘世的因缘。佛教认为色、香、味、声、触、法为六尘，是污染人心、产生欲念的根源。以心攀缘六尘，遂被六尘牵累，所以称为尘缘。

②谙：熟记、熟悉。

③持：守住、保持。

〔译文〕

想要投身社会而有所作为的人，必须先领略过世俗外的风光，否则就不能摆脱那些污垢秽浊的尘缘；想要超脱尘世而一尘不染的人，必须先遍尝人世间酸甜苦辣各种滋味，否则就不能持守虚空孤寂的苦中趣味。

〔点评〕

入世与出世，是让古代知识分子左右徘徊的两条路径，儒家圣贤提出的"达则兼济天下，穷则独善其身"，就是关于这两条路径对士子们的基本要求。但是这种"兼济"与"独善"的原则似乎太过粗线条，所以作者对此进行了进一步的阐述：想要积极入世、有所作为，先要对恬淡明静的世外风光有所领略，在心里有一块宁静超然的境地，否则就很难超越尘世间的种种诱惑；若想远离尘世、纤尘不染,必须先遍尝人世间的酸甜苦辣、人情冷暖,让意志因经历各种打磨历练而更加坚定,否则就不能在虚空孤寂中品味清苦的乐趣。

五九

与人①者,与其易疏于终,不若难亲于始;御事②者,与其巧持于后,不若拙守于前。

〔注释〕

①与人:同人结交。

②御事:安排、处理各种事务。

〔译文〕

与人交往,与其使彼此之间的关系最终容易疏远,还不如在开始时就保持距离;处理事务,与其在后期出现问题时巧于维持,还不如在前期就安分守拙。

〔点评〕

有学识、有修养的人待人处事讲究"慎始",唯有"慎始",才能"善终"。与人相处,刚开始交往时不宜过于亲密,人是千差万别的,经过一段"日久见人心"的相互了解,如果互相认可,情感、友谊可以逐步加深。如果彼此共振点很少,不再进一步深化友谊,对彼此也没有什么伤害,开始时矜持、冷淡一些,总比起初如胶似漆、最终形同陌路好得多。处理事情也是这样,与其费尽心思地收拾残局,不如开始时笨拙一些,踏踏实实做好每一件事。所以《礼记·经解》里说:"君子慎始,差若毫厘,谬以千里。"

六〇

酷烈[①]之祸,多起于玩忽[②]之人;盛满[③]之功,常败于细微之事。故语云:“人人道好,须防一人着恼;事事有功,须防一事不终。”

〔注释〕

①酷烈:严酷残暴,达到极甚地步。

②玩忽:忽视大意,不认真对待。

③盛满:达到极点、顶点。

〔译文〕

惨烈的灾祸,大多起因于那种玩忽职守的人;圆满的大功,常常败坏于细枝末节的事。所以谚语说:“人人都说好,必须提防一人心中懊恼;事事皆有功,必须提防一事有始无终。”

〔点评〕

“千里之堤,溃于蚁穴”,用人与做事,都要特别注意细节。那些惨烈的灾祸,往往是个别人玩忽职守造成的。一些完美圆满的大事,也常常因为细微小事而前功尽弃。无论是避祸还是谋成,无论是用人还是做事,都应在细节上下足工夫。用人要明察,提防有些人成事不足、败事有余。做事要慎始慎终,把每一件小事都做好。其实,用人与做事特别注重细节,与“好察非明,能察能不察之谓明”并不矛盾,“能不察”是智慧,是贤明,是为自己营造人场,“能察”是本分,是责任,是做好任何事情的前提。

六一

不虞之誉不必喜，求全之毁何须辞[①]？自反[②]有愧，无怨于他人；自反无愆[③]，更何嫌众口？

〔注释〕

①“不虞(yú)”二句：不虞之誉，意外的赞扬。求全之毁，指一心想保全声誉，反而受到了毁谤。辞，推托、躲避。这里引申为责怪。《孟子·离娄上》：“有不虞之誉，有求全之毁。”

②自反：自己反省。

③愆(qiān)：过错。

〔译文〕

意外的赞誉不必欢喜，别人对自己求全责备又何必责怪呢？反躬自问，如心中有愧，就不要埋怨别人；如没有过错，又何必在意别人说什么？

〔点评〕

作者在这里说的是做人的坦然与坦荡。对于意外的赞誉不欣喜，当别人对自己求全责备时不生气；如果自己心里有愧，就不埋怨别人的指指点点；如果自己确实没有过错，就不在意别人说三道四。像苏轼的《留侯论》里所说的“卒然临之而不惊，无故加之而不怒”，这种修养境界确实不低，所以孔夫子说：“人不知而不愠，不亦君子乎。”

六二

功名富贵，直[①]从灭处观究竟[②]，则贪恋自轻；横逆[③]

困穷,直从起处究由来,则怨尤自息。

〔注释〕

①直:径直、直接。

②究竟:结局、结果。

③横逆:指横祸、厄运。

〔译文〕

对待功名富贵,如果能径直看到最终无非身外之物这种结局,那么贪恋之心自然就会少一些;对待厄运穷困,如果能直接反躬自问造成这种局面的根本原因,那么怨天尤人的情绪自然就会停息。

〔点评〕

功名利禄无非身外之物,人生最终的结果是走向消亡,如果能直接从这种结局去一探究竟,自然就会把功名富贵看轻了,人对功名利禄的贪恋也就淡了。任何境遇、状况的形成,都有其产生、发展的原因,遇到事业不顺、命运多舛,如果能径直从产生这种状况的源头去看,从自身多找原因,自然也就不再怨天尤人,心气也就会平和了。做人做事就应该这样,既要往前看,也要朝后看。往前看,确立目标,提升心气,鼓舞自己;朝后看,查找原因,总结得失,平和心态。

六三

宇宙内事,要力担当,又要善摆脱。不担当,则无经世①之事业;不摆脱,则无出世之襟期②。

〔注释〕

①经世：治世，治理和奉献社会。陆游《喜谭德称归》："少鄙章句学，所慕在经世。"

②襟期：襟怀、志趣。

〔译文〕

世上的一切事情，既要尽力承担起责任，又要善于摆脱羁绊。不敢担当责任，就不能建树治国安邦的事业；不会摆脱羁绊，就不能保持超脱凡俗的襟怀。

〔点评〕

既要成就一番经世伟业，又要保持内心里那份超然，如果把古代士君子比作一枚硬币，这就是他的正反两面。那么怎样平衡这两方面？作者在这里提出了"要力担当，又要善摆脱"的观点。如果不能承担，或不敢担当，便无以成就一番事业；如果不善于解脱尘世牵绊，就不可能有超凡脱俗的情怀。

既要担当又要摆脱，这看似矛盾的观点充满了人生哲理。一味强调担当，便缺少从容与情趣，担当也难以持久；过分看重摆脱，则又缺乏热情与进取，摆脱也就失去了意义。这样既担当又摆脱，一张一弛，张弛有度，才是士君子入世与出世的最佳结合点。

六四

待人而留有余，不尽之恩礼[①]，则可以维系无厌[②]之人心；御事[③]而留有余，不尽之才智，则可以提防不测之事变。

〔注释〕

①恩礼:恩德和礼义。
②厌:这里指满足。
③御事:处理事情。

〔译文〕

对待他人应该留有余地,不能一下子穷尽对人的恩情和礼遇,这样才可以维系永不满足的人心;处理事情也要留有余地,不要一开始就用尽所有的才能和智慧,这样才可以提防难以预料的变故。

〔点评〕

无论是待人还是做事,都要留有余地。人性贪得无厌,世事变幻莫测,只有留有余地,才不至于让自己陷入被动。待人留有余地,就不至于出现"升米恩,斗米仇";做事留有余地,当变故出现时就不会束手无策。待人做事留有余地,是生活中的一项基本原则,与各行各业都具备通用性,领兵作战也讲究留有预备队,所以,留有余地的原则,本质上是为自己的生存和发展留下足够的空间。这里所阐述的"留余"原则,与作者在第五十九条中所阐述的"慎始"原则,似有异曲同工之妙。

六五

了心自了事,犹根拔而草不生;逃世[①]不逃名,似膻存而蚋[②]仍集。

〔注释〕

①逃世:逃避尘世的羁绊。

②蚋(ruì):一种昆虫。体形似蝇而小,吸食人畜血液。

〔译文〕

了结心中的念头,自然就能了结琐事,犹如把草根拔起,杂草永不再生;如果只是逃离尘世,却不逃避声名,好似腥膻之气仍存,蚊蚋仍会聚集。

〔点评〕

人生在世,无论是凡夫俗子还是士子达人,最难的就是"了心"与"逃名"。只有将心中的杂念彻底清除掉,那些违背伦理道德、纲常法纪的事情自然就不会发生。如果心中的杂念没有彻底清除,即便现在没做违背道德法纪的事,但说不定一有机会,这些念头就会冒出来并付诸行动。古时候有些士子逃离人世遁入山林,但如果内心里追慕名声的念头不能戒除,那么他仍然很难逃脱尘世的腥膻,甚至他遁入山林本身就是在欺世盗名。

六六

仇边之弩[①]易避,而恩里之戈[②]难防;苦时之坎[③]易逃,而乐处之阱[④]难脱。

〔注释〕

①仇边之弩:从仇敌方面射出的箭。弩,以机械做动力的弓。

②恩里之戈:朋友对自己使出的暗枪。戈,我国古代的一种长柄

兵器。

③坎:地面低陷的地方。《易·说卦》:“坎,陷也。”

④阱:为防御或猎捕野兽而挖的陷坑。

〔译文〕

来自仇敌方面的明箭容易躲避,但朋友之间使出的暗枪就很难防备;艰难困苦环境中的沟沟坎坎容易避过,而安乐升平之时的陷阱就难以逃脱。

〔点评〕

作者在这里说了两个道理:“明枪易躲,暗箭难防”“生于忧患,死于安乐”。“明枪易躲,暗箭难防”的道理无须赘述,这里谈谈“忧患”与“安乐”。在艰难困苦的环境里,人们处处小心谨慎,沟沟坎坎容易躲过。而在一片歌舞升平中,人们只顾享乐而放松警惕,一些陷阱往往难以逃脱。这便是“生于忧患,死于安乐”的道理。

六七

膻秽则蝇蚋丛嘬①,芳馨②则蜂蝶交侵。故君子不作垢业③,亦不立芳名。只是元气浑然④,圭角⑤不露,便是持身涉世一安乐窝⑥也。

〔注释〕

①嘬(chuài):叮,咬。

②芳馨:芳香。喻美好的名声。

③垢业:肮脏之事。

④元气浑然：元气，指天地未分前的混沌之气，这里指人的精气神。浑然，质朴纯真的样子。

⑤圭角：圭玉的棱角，泛指棱角，比喻锋芒。圭，古玉器名。

⑥安乐窝：北宋理学家邵雍，自号安乐先生，隐居于苏门山（今河南辉县），名其居所为“安乐窝”。曾作《无名公传》自况：“所寝之室谓之安乐窝，不求过美，惟求冬暖夏凉。”后人以此专指安逸舒适的生活环境。

〔译文〕

腥膻污秽，苍蝇蚊蚋就会成群结队地飞来叮咬；气味芳香，蜜蜂蝴蝶就会轮番交替地飞来侵扰。故而君子不造下垢污罪孽，也不树立美好的声名。只是内心纯洁清静、质朴浑然，外表隐匿棱角，不露锋芒，这便是为自己营造了一个修身养性、经历世事的安乐窝。

〔点评〕

不造腥膻污秽之孽，不树世人颂扬之名，既不会受到人们的谩毁指责，也不会遭到世人的交替侵扰；只保留自己的浑然元气，内心质朴纯净，外在平和圆融，为自己营造一个安乐窝一样的小环境。作者所讲的这种修身处世之道，其实是儒家的“独善”之道，即“一箪食，一瓢饮，在陋巷，人不堪其忧，回也不改其乐”的生活境界。

六八

从静中观物动，向闲处看人忙，才得超尘脱俗的趣味；遇忙处会偷闲，处闹中能取静，便是安身立命[①]的功夫。

〔注释〕

①安身立命:物质生活和精神生活都有所寄托。

〔译文〕

在宁静中观看万物运动,在悠闲中观看他人忙碌,才能体会超越尘世、脱离凡俗的趣味;遇到忙碌之时会忙里偷闲,身处热闹场中能闹中取静,这就是安顿身体、寄托精神的真功夫。

〔点评〕

独立于世外,静中观物态。其实,"偷闲"与"取静"既是一种生活的智慧与能力,也是一种修养与境界。孔子说"知者乐水,仁者乐山",也曾对"冠者五六人,童子六七人,浴乎沂,风乎舞雩,咏而归"的人生理想赞赏有加,从世俗的生活来看,这也是人生的"黠者"。

六九

邀[1]千百人之欢,不如释[2]一人之怨;希千百事之荣,不如免一事之丑。

〔注释〕

①邀:希求,希望得到。意同下文的"希"。

②释:消融、消除。

〔译文〕

邀得千百个人的欢心,不如消除一个人的怨恨;希求千百件事的荣耀，不如免除一件事的丑名。

〔点评〕

作者在这里谈论的是人生的“加减法”。现实生活中的人们，往往比较重视扩充人脉，扩大自己的“朋友圈”。其实，扩充人脉虽然重要，但缩小对立面，乃至不树敌更重要。与其在朋友圈上做加法，不如在对立面上做减法；与其在追求荣名上做加法，不如在德行缺失方面做减法。

七〇

落落者[①]，难合亦难分；欣欣者[②]，易亲亦易散。是以君子宁以刚方见惮[③]，毋以媚悦取容[④]。

〔注释〕

①落落者：这里指不随便与人交往的人。落落，跟人合不来，孤傲清高的样子。《后汉书·耿弇传》：“将军前在南阳建此大策，常以为落落难合，有志者事竟成也！”

②欣欣者：这里指初见就讨人喜欢的人。欣欣，喜悦的样子。

③刚方见惮（dàn）：刚直方正，庄重严肃，令人生畏。惮，怕、畏惧。

④取容：讨好别人。

〔译文〕

孤傲磊落之人很难与人结交，一旦结交却又难以分手；和悦欣喜之人容易让人亲近，可是容易交往也容易散伙。所以，君子宁可因为刚直方正而被人畏惧，也不愿用媚颜悦色去讨好别人。

〔点评〕

这里谈的是交友持身之道,孔子曾有过“益者三友”“损者三友”的论述,可以与此参证。“落落者”难以交往,但是这种人真诚坦荡、刚正不阿,一旦建立起友情就很牢固,是诤友更是益友;“欣欣者”容易结交,但这种人看似和颜悦色,实则是恭维奉承,即便成为朋友,也难以维持友情。更为严重的是,结识了不该结识的人,不仅仅是分不分手的问题,往往会付出惨痛的代价。所以,士君子慎交友,与人相处,宁可因为刚直方正而让人感觉畏惧难交,也不用媚颜悦色去故意讨好别人。

七一

仕途虽赫奕①,常思林下②的风味,则权势之念自轻;世途虽纷华,常思泉下③的光景,则利欲之心自淡。

〔注释〕

①赫奕:显赫貌,美盛貌。赫,显赫。奕,有光彩,光彩照人的样子。

②林下:树林之下,本指幽静之地。旧时又称退隐之所,称罢官为退归林下。

③泉下:黄泉之下,指过世之后。

〔译文〕

为官之路虽然光彩显赫,但经常想想退隐山林之后的清幽风味,追求权势的念头自然就会轻了;人生历程虽然绚丽繁华,但经常想想终将归于黄泉的寂寞光景,贪恋物欲的私心自然就会淡了。

〔点评〕

为官的时候确实声名显赫，但退隐后的田园风光别是一番风味。较之于官场上的尔虞我诈、如履薄冰，山林下的生活幽静恬淡、悠然自得，更让人向往。经常这样想想，人就不会再那样强烈地追求权势，无论是在任为官还是退隐山林，内心里都平静、淡定下来。况且，人最终的归宿是黄泉之下，任何"赫奕"与"纷华"，终将归于虚无，还有什么不能放下的！

七二

鸿未至先援弓①，兔已亡②再呼犬，总非当机③作用；风息时休起浪，岸到处便离船，才是了手④工夫。

〔注释〕

①援弓：拉弓射箭。援，以手牵引。
②亡：跑掉、逃跑。
③当机：面临时机。
④了手：善于撒手。

〔译文〕

大雁还没飞来就先拉开弓弦，兔子已经跑了才呼唤猎犬，都不是把握时机的正确举动；狂风息止就不再兴波逐浪，到达岸边就迅速离船，这才是了结事端的高深修养。

〔点评〕

这里谈怎样把握时机、审时度势。简单说就是两句话：一曰机不可失;二曰势不可逆。机会未到时,要耐心等待时机不要盲动;机会来临时,要当机立断切莫错失。像“鸿未至先援弓,兔已亡再呼犬”这种情况,非早即迟,都是不善于把握时机所致。

七三

从热闹场[1]中出几句清冷言语,便扫除无限杀机;向寒微路[2]上用一点赤热心肠,自培植许多生意[3]。

〔注释〕

①热闹场:热闹的场所。此处指官场。

②寒微路:贫穷衰落之人。寒,穷困。微,衰落、低下。

③生意:生存、生活下去的愿望。

〔译文〕

在热闹喧腾的官场上,说出几句清醒冷静的言语,便能扫除人们胸中的无限杀机;对穷困潦倒的陌路人,付出一点儿赤诚火热的心肠,自然能在他心中培植起许多生存下去的希望。

〔点评〕

热闹喧嚣的官场上,当许多人都丧失理智,有人讲几句振聋发聩、冷静清醒的言语,给头昏脑涨的人泼点冷水,使其恢复理智,控制住情绪,就可能免除很多的杀伐之祸。对那些寒微贫贱的路人,给予真诚的关心和帮助,用一片赤热心肠去温暖、感化他们,就会扬起他们生命的风帆,带给他们生活的信心和希望。而要做到这些,重要的不是言语和形态,而是一副仁慈忠厚的心肠，就是孔子说的“仁者爱人”。

七四

随缘①便是遣缘②，似舞蝶与飞花共适；顺事自然无事，若满月偕盂水同圆③。

〔注释〕

①随缘：佛教用语。佛教以外界事物使身心受其感触谓之缘，心应缘而起谓之随缘。

②遣缘：排除使身心受感触的外界事物。

③“若满月”句：水因不同的容器而呈不同的外形。偕，同、与。盂，盛水的器皿。

〔译文〕

顺应机缘就是排遣机缘，好似飞舞的蝴蝶与飘飞的落花互相适应；顺应世事自然就不会生事，就像天上的满月与不同容器中的月亮一样都是圆的。

〔点评〕

缘就是因缘，是世上万事万物之间的联系，是一种客观存在。佛家观念中，强调人要尽力脱开尘缘，摆脱尘缘的羁绊，而作者在这里提出了“随缘便是遣缘”的观点，我们不得不承认，作者的这种观点，要比单纯的躲避、排斥合理得多。人生在世，有些缘不可脱，也脱不开，许多“缘”的存在，很多事情的发生，不以我们的意志为转移，所以，随缘就是对尘缘俗事最好的排遣，顺应世事自然就不会为世事所烦扰。由此看来，“随缘”“顺事”不单单是一种乐观豁达的处世态度，更是一种对人生世事的思想超越，是识透“天命”、洞晓事理后的智者的达观。

七五

淡泊之守，须从浓艳场中试来；镇定之操，还向纷纭境上勘[①]过。不然操持未定，应用未圆[②]，恐一临机登坛[③]，而上品禅师又成一下品俗士矣。

〔注释〕

①勘：核对、查验。

②应用未圆：适应现实的心胸还没有达到圆通、灵活的地步。

③临机登坛：指遇到机会登坛讲经说法。临机，遇到机会。坛，土筑的高台，古时用于祭祀及朝会、盟誓等大事，这里指佛坛。

〔译文〕

淡泊名利的操守，必须在艳丽浮华的名利场中才能测试出来；镇定自若的节操，必须在纷纭繁杂的环境中才能勘验出来。不然，内心操守不稳定，应世之用未圆融，恐怕一旦机会来临登上讲坛，貌似道行高深的禅师，就又变成一个品位低下的俗士了。

〔点评〕

淡泊名利的操守、镇定自若的节操，是古代士君子所标榜推崇的一种道德修养境界，那么怎样验证一个人是否达到了这种境界呢？作者在这里给出了验证的方法：不慕名利、不贪私欲、清静淡泊的节操，必须在灯红酒绿、纸醉金迷的生活环境中来测验；淡定自若、沉着镇静、临变不惊的气魄，必须在纷扰嘈杂、突发突变的繁杂环境中去勘验。有的人能安于贫贱，却过不得纷繁浓艳的名利场，有的人平日里镇定自若，却可能面临仓促急迫的情况便惊慌失措，这都是貌似“上品禅师”的“下品俗士”。没有这种“浓艳场中”“纷纭境上”的测试，一个人的“淡泊”“镇定”很难说是坚定的。

七六

求见知[①]于人世易，求真知于自己难；求粉饰于耳目[②]易，求无愧于隐微[③]难。

〔注释〕

①见知：被人了解。

②耳目：耳朵和眼睛。

③隐微：隐约细微，这里指内心深处。

〔译文〕

想让世人知道自己很容易，但要想真正了解自己却很难；要想掩盖自己的过错，遮掩别人的耳目很容易，但想让自己做到每件小事都无愧于心却很难。

〔点评〕

古希腊哲学家泰勒斯曾经说过：“认识自己，那是最难做到的。”同样，一个人欺骗别人容易，欺骗自己却是困难的。所以，老子《道德经》里说：“知人者智，自知者明。胜人者有力，自胜者强。”

七七

廉所以①戒贪，我果不贪，又何必标一廉名，以来贪夫之侧目②？让所以戒争，我果不争，又何必立一让的③，以致暴客之弯弓④？

〔注释〕

①所以：用以、用来。

②以来贪夫之侧目：指因廉名而招致贪夫的嫉恨。以来，因……招致，意同下文的“以致”。来，后多用作“徕”。侧目，斜目而视，形容愤恨、妒忌。

③的（dì）：射箭用的靶子。

④以致暴客之弯弓：指因谦让成为别人攻击的靶子。暴客，这里指凶残横暴之人。弯弓，拉弓射箭。这里指原友善者反目成仇。

〔译文〕

廉洁是用来警诫贪欲的，我果真不贪婪，又何必标榜一个清廉的名声，招来贪婪之人的愤恨斜视？谦让是用来警诫有争夺之心的人的，我果真不争夺，又何必树立一个谦让的靶子，招致残暴之人的诋毁攻击？

〔点评〕

这里谈的是求实避名、内敛自保，是传统儒家道德规范。廉洁与谦让，可以说是古代士君子的两块金字招牌，但现实是残酷的，一个人的谦让风范，可能会让一群人相形见绌，一个人的清廉美名，可能会使一批人无地自容。在嫉妒、嫉恨的驱使下，这些人会对廉洁谦让的人做些什么？轻则侧目而视，重则背后弯弓。所以作者提出，廉洁谦让要有其实，不要树其名。这种“内敛”文化，是士君子无奈而又有效的自洁自保之策，在古代社会环境下，自有其积极意义。

七八

无事常如有事时提防，才可以弥[1]意外之变；有事常如无事时镇定，方可以消局中[2]之危。

〔注释〕

①弥（mí）：平息、止息。通“弭”。

②局中：亦作局内。局，本指棋局，这里指参与其事。

〔译文〕

无事之时，总像有事之时那样小心提防，才可以及时平息意外的变故；有事之时，总像无事之时那样镇定从容，才可以消除局势中的危机。

〔点评〕

这里讲了应事之法的两方面：无事时小心提防，有事时镇定自若。无事时小心谨慎，严加提防，就可以及时发现问题，排查出隐患，防患于未然，就可以最大限度地避免“有事”；一旦有事，就要像平时那样从容镇定，迅速对局势做出准确判断，拿出正确的处理方案，张皇失措只会贻误解决问题的最佳时机。应事之法，既要“每临大事有静气”，又要“小心驶得万年船”。

七九

持身如泰山九鼎[①],凝然不动,则愆尤[②]自少;应事若流水落花,悠然而逝[③],则趣味常多。

〔注释〕

①泰山九鼎:比喻高大沉稳、屹然不动。九鼎,旧传夏禹用九州的青铜铸成九个鼎,夏、商、周三代奉为国家政权的象征。

②愆尤:过失、罪过。

③逝:去、过去。

〔译文〕

立身处世就如泰山九鼎,高大沉稳,岿然不动,那么过失自然就会少了;应对世事就像流水落花,不慌不忙,顺势而为,就能时常品味到其中的情趣。

〔点评〕

"持身如泰山九鼎""应事若流水落花",这是针对修身自持和应世处事两方面提出的两种不同的修养境界。修身自持像泰山九鼎那样高大沉稳,"持身者"就要有清明高洁的品格操守,有坚如磐石的意志信念;应世处事像落花流水那样顺势而为,"应事者"就应有洞彻达观的涉世智慧,有深谙世事的生命历练。以这样的境界作为持身应事的准则,要求确实不低,但如果能够做到,持身的过失自然就会很少,应事的情趣就会良多。

八〇

口里圣贤,心中戈剑,劝人而不劝己,名为挂榜修行。独慎衾影[①],阴惜分寸[②],竞处而复竞时[③],才是有根学问。

〔注释〕

①独慎衾影:独慎,即儒家强调的"慎独",意谓在独处时也能谨慎从事。衾影,北齐刘昼《新论·慎独》:"独立不惭影,独寝不愧衾。"后用"衾影无惭"或"无惭衾影"指无丧德败行之事。

②阴惜分寸:《晋书·陶侃传》:"大禹圣人,乃惜寸阴,至于众人,当惜分阴。"

③竞处而复竞时:竞处,处世修养上争先。竞时,惜时建业上争先。

〔译文〕

嘴里说的都是圣贤之语,心中却藏有伤人的戈剑,劝导别人却从不劝诫自己,这种人叫作挂名修行。独处谨慎独寝无愧,珍惜每一分每一寸光阴,注重处世立身又注重珍惜时光,这样的人才会有很深的学问。

〔点评〕

作者在本条说了两种人:一种人口蜜腹剑,阳奉阴违,满嘴仁义道德,一肚子男盗女娼,镜子只照别人,从来不照自己;另一种人独处独寝,也无愧于心,读书修身从不懈怠,惜时如金,处世修养与珍惜时光各方面都是榜样。对于这两种人,作者只是做了客观叙述,并没有直接褒奖与贬斥,但优劣高下,不言自明。

八一

君子严如介石[①],而畏其难亲,鲜不以明珠为怪物[②]

而起按剑之心；小人滑如脂膏，而喜其易合，鲜不以毒螫③为甘饴而纵染指④之欲。

〔注释〕

①介石：处于二者之间使之隔开的碑石。有坚硬强劲、不偏不倚、中正公允之意。这里引申为孤独而耿直。

②以明珠为怪物：指当人们不了解真相时，即使是明珠，也会被当作怪物。《史记·鲁仲连邹阳列传》："臣闻明月之珠，夜光之璧，以暗投人于道路，人无不按剑相眄者，何则？无因而至前也。"

③螫(shì)：马蜂、蜜蜂等尾部的毒刺。

④染指：指取得非分利益。

〔译文〕

君子严肃正直得就像界石一样，以至于让人感到畏惧和难以亲近，这就像明珠不被人了解时那样，很少有人不把它当成怪物，而产生戒备之心的；小人奸猾乖巧得像油膏，而人们却喜欢他的容易接近，这就像毒刺未被人看清那样，很少有人不把它当成甘甜的饴糖，而纵容自己的非分欲望的。

〔点评〕

这里的内容与上一条有些类似，也是谈论正、反两种人，如果说上面第八〇条是对这两种人行为表现的客观描述，那么本条就是从交友识人的角度，提醒人们怎样识别这两种不同的人。君子光明磊落，无欲无求，刚正不阿，所以"君子严如介石"，让人感觉难以亲近；小人唯利是图，见风使舵，阿谀奉承，故而"小人滑如脂膏"，让人觉得极易结识。作者在这里提醒人们，千万不要被表象所迷惑，切不能对小人"纵染指之欲"，却对君子"起按剑之心”。

八二

遇事只一味镇定从容，纵纷若乱丝，终当就绪；待人无半毫矫伪欺隐，虽狡如山鬼[①]，亦自献诚。

〔注释〕

①山鬼：这里泛指山中鬼怪。山鬼又称夔(kuí)，是古代神话传说中的一只独足怪兽，典见《山海经·大荒东经》。

〔译文〕

遇事只要一直保持镇定从容，纵然局面纷繁复杂，宛若混乱的丝线，终究会理出头绪；待人只要没有半毫矫饰虚伪、欺骗隐瞒，即使对方狡诈如山中鬼魅，也终会受到感动，自动拿出诚意。

〔点评〕

处事要镇定，待人要真诚。只需要坚持镇定从容，再纷繁复杂的事情，终究会理出头绪来；如果待人没有半点虚情假意，再狡猾难处的人，最终也会被感动而表现出忠诚。作者在《菜根谭》一书中，对待人与处事两个问题不惜笔墨、不厌其烦地反复阐述，这也难怪，人是具有社会属性的，待人与处事是每个人都必须面对的两个基本课题。

八三

肝肠煦[①]若春风，虽囊乏一文[②]，还怜茕独[③]；气骨清如秋水，纵家徒四壁，终傲④王公。

〔注释〕

①煦：温暖。
②囊乏一文：兜里一文钱也没有。
③茕（qióng）独：孤独无依。茕，孤单、孤独。
④傲：傲视。

〔译文〕

肝胆心肠温暖如春风一样，虽然口袋里没有一枚铜板，还会怜悯孤独无依之人；气节风骨像秋水一样清澈，纵然家中徒有四壁，照样可以傲视权贵王公。

〔点评〕

这里所谈论的是传统儒家思想的两种修养境界：仁心与傲骨。孟子讲“恻隐之心，仁之端也”，故有仁爱心肠，怜贫惜老，是君子的品质。同时，孔孟都特别强调气节、操行。孔子曾对“衣敝缊袍”而与大人们立谈的子路就盛赞不已，孟子也称自己“说大人，则藐之”。

八四

讨了人事的便宜，必受天道①的亏；贪了世味②的滋益，必招性分③的损。涉世者宜审择之，慎毋贪黄雀而坠深井，舍隋珠而弹飞禽④也。

〔注释〕

①天道：上天的意志。

②世味：世情，人世滋味。

③性分：人的天性。

④舍隋珠而弹飞禽：比喻做事不衡量轻重，以致得不偿失。隋珠，隋侯之珠，传说中的宝珠。《庄子·让王》："今且有人于此，以隋侯之珠，弹千仞之雀，世必笑之。是何也？则其所用者重，而所要者轻也。"

〔**译文**〕

在人事上讨巧卖乖占便宜，必然要受到上天的惩罚；贪恋世上声色犬马、美味佳肴的享乐，必然会招致天性的损伤。世上的人们应该谨慎选择，切莫为捉一只小黄雀而坠入深井，用隋侯的宝珠去射飞鸟。

〔**点评**〕

怎样看待"益"与"损"，不同的人会有不同的标准。作者认为：在人事上讨巧卖乖占便宜的人，必然会受到主宰人间吉凶祸福的天道的惩罚；贪恋人世间声色犬马、美味佳肴的享乐，必然招致人的天然本性受到损伤。如果说前者是说教与警示，那么后者却是无奈的劝导或者诅咒。因为贪图享乐是道德修省的大忌，整天享受声色犬马之欢愉，人质朴浑厚的天性一定会受到损伤。何为"益"，何为"损"，世上的人们千万要看仔细了，莫做"以隋侯之珠，弹千仞之雀"的傻事。

八五

费千金而结纳贤豪，孰若[①]倾半瓢之粟，以济饥饿之人；构千楹[②]而招来宾客，孰若葺数椽之茅[③]，以庇孤寒之士。

〔注释〕

①孰若：何如，还不如。有较强的反诘语气。

②楹(yíng)：厅堂的前柱。也作房屋计量单位，屋一间为一楹。

③葺数椽之茅：葺(qì)，用茅草覆盖房顶。椽(chuán)，建造房屋用的木构件。茅，茅屋。

〔译文〕

花费千两黄金结交贤士豪杰，怎比得上拿出半瓢米粟，用来救济忍饥挨饿的人们。建构千百间房屋招待宾客，怎比得上修葺几间茅屋，用以庇佑孤苦贫寒的士人。

〔点评〕

这里强调善德善行应从细微之事做起。济人危难，胜过锦上添花。正如孔子所言“君子周急不济富”，在生活中应周济需要援助的普通人，而不是周济富有的人。

八六

市恩[1]不如报德之为厚，雪忿[2]不若忍耻之为高，要誉不如逃名之为适[3]，矫情不若直节之为真[4]。

〔注释〕

①市恩：以小恩小惠取悦他人。

②雪忿：洗刷心中怨愤。

③“要誉”句：要誉，追求名誉。要，通“邀”。逃名，远离名誉。

④“矫情”句：矫情，这里指掩饰真情。直，正直。

〔译文〕

施恩取悦他人,不如报答别人的恩德更为厚道;洗刷心中怨愤,不如学会忍受耻辱更为高尚;追求个人荣誉,不如逃避名誉声望更为美好;掩饰真情流露,不如保持正直品格更为真实。

〔点评〕

施恩与报恩,雪愤与忍耻,要誉与逃名,矫情与为真,作者认同后者。的确,施以小恩小惠笼络他人远没有想着报答别人的恩情更厚道,逞匹夫之勇远不如学会忍辱负重更为高明高尚,追求名声荣誉还不如逃避名誉来得闲适自得,伪装矫情怎么比得上正直坦诚更为真性情。但凡事总有度,提倡"忍让"是一种生活的智慧,而不是无原则地逆来顺受和委曲求全。韩信之所以忍得"胯下之辱",是因为他有治国安邦的远大抱负,不想"小不忍则乱大谋"。反对矫情只是要求人们要保持正直坦诚的本真,也不能无所顾忌,口无遮拦。

八七

救既败之事者,如驭临崖之马,休轻策①一鞭;图垂成之功者,如挽上滩之舟②,莫少停一棹③。

〔注释〕

①策:古代赶马用的棍子,一头有刺,能刺激马的身体。这里指用鞭打。

②上滩之舟:逆水行船。

③棹(zhào):船桨,划(船)。

〔译文〕

挽救已成败局的事情，如同驾驭临近悬崖的骏马，休再轻轻驱策一鞭；谋求即将完成的功业，如同牵驾逆水于行险滩的舟船，不能稍稍停划一桨。

〔点评〕

面对已经无可挽回的败局，真正高明的人首先是考虑如何止损，把损失降到最低，而不是再瞎折腾。对于即将完成的功业，不要忘记“逆水行舟，不进则退”“行百里者半九十”的古训，千万不能掉以轻心，以免功败垂成。作者所说的临涯休策鞭、上滩莫停棹，确实是应对“既败”和“垂成”两种不同局面的至理名言，在现实生活中很有指导意义。

八八

杨修①之躯见杀于曹操，以露己之长也；韦诞之墓见伐于钟繇②，以秘己之美也。故哲士多匿采以韬光③，至人常逊美而公善④。

〔注释〕

①杨修：杨修，字德祖，东汉末年文学家，任宰相曹操的主簿。杨修才思敏捷，聪明自负，且积极参与曹操家庭内部的权力争斗，终遭曹操杀害。

②“韦诞”句：韦诞，字仲将，善辞章、书法。钟繇，字元常，曾在汉朝任显职。后曹操用繇为相国，书法成就亦显赫。虞喜《志林》：“钟繇见蔡邕笔法于韦诞坐中，苦求不与，捶胸呕血。诞死，繇盗发其冢，遂得之。”

③匿采以韬(tāo)光:藏匿自己的才华。

④逊美而公善:对好事退让,将善行归于众人。逊,退让。

〔译文〕

杨修是被曹操杀掉的,原因就是过于显露自己的才华而惹来杀身之祸;韦诞的墓穴是被钟繇挖开的,是因为他生前显露自己的宝贝又不肯与人分享。所以,才能识见超常的人,大都掩藏自己的才华而怀才不露,道德修养境界很高的人,常常辞让美名而将善行归于众人。

〔点评〕

此处谈藏锋守拙。杨修之死的例子大家应该都耳熟能详,但根本的原因是他过多地参与了曹氏集团的夺嫡斗争,并且站错了队。但不可否认的是,杨修恃才放旷、好为人师、不知深浅的性格也的确让人生厌,乃至最终为曹操所不容。抛开作者所谈到的这两个实例不说,"匿采以韬光"确实是一种人生的智慧,而"逊美而公善"则是一种崇高的道德修养。

八九

少年的人,不患其不奋迅[1],常患以奋迅而成卤莽,故当抑其躁心;老成的人,不患其不持重,常患以持重而成退缩,故当振其惰气。

〔注释〕

①奋迅:这里指快速奋发上进。

〔译文〕

对于年轻人,不担心他行动不迅速,却常担心他因为过于迅速而导致疏忽鲁莽,故而应当抑制他的浮躁之心;对于上年纪的人,不担心他不谨慎持重,却常担心他因为过于持重而导致畏缩不前,故而应当鼓励他们丢掉怠惰之气。

〔点评〕

同一个人,在不同的年龄段会有不同的心性,做人处事也会有不同的表现。年轻人血气方刚,做人处事闻风而动,却常常失之于疏忽与鲁莽,就应该想方设法抑制其浮躁之心;上年纪的人血气衰减,虽然做事老成持重,但又难免推诿懈怠,所以应该想办法提振他的精气神。年轻人要学会沉稳厚重、仁慈谦让,力戒粗疏浮躁、轻浮偏激,这样才能成器;人到老年应该让自己热情奔放、洒脱时尚些,这样才能激发生命的活力,让工作与生活更有意义。说了这么些貌似高深的道理,其实就是一句俗语:“少要稳当,老要张狂。”

九〇

舌存常见齿亡[①],刚强终不胜柔弱;户朽未闻枢蠹[②],偏执岂能及圆融[③]?

〔注释〕

①舌存常见齿亡:意思是刚强者容易摧折,而柔弱者常常得以保全。西汉刘向《说苑·敬慎》:“老子曰:‘舌之存也,岂非以其柔耶?齿之亡也,岂非以其刚耶?’”

②户朽未闻枢蠹：门轴经常转动，所以不被蛀蚀，而门框因为固定不动，所以先自朽坏。户，门框。枢，门的转轴或承轴之臼。

③偏执：偏激而固执。

〔译文〕

舌头存留，却常见牙齿脱落，可见刚强终究无法战胜柔弱；门框朽烂，却未听说门轴蛀蚀的，偏激而固执怎么比得上圆满融通？

〔点评〕

这里用舌头与牙齿做比喻，认为刚强赢不了柔弱。刚强之人像陶瓷，刚则刚矣，却也性脆易折，他们易冲动，好斗狠，人生中出现变故的概率更大；柔弱之人像流水，因形而变，因势而行，“利万物而不争”，所以柔弱的人往往既能事有所成，又能禄厚寿长。同样地，门框一动不动先遭腐朽，门枢经常转动才不遭虫蠹，偏激执拗的人，怎么比得过圆润融通之人？这就是我们常说的“流水不腐，户枢不蠹”“弱能胜强，柔能胜刚”。

道家学派创始人老子主张“清静无为”“柔弱不争”。老子反对刚强、倡导柔弱的思想，来自对事物发展规律的认识，来自对社会人生的洞察和体悟，意在引导人们戒除暴躁，以柔克刚，而并非消极厌世。

评　议

（九一～一四〇）

九一

物莫大于天地日月，而子美[①]云："日月笼中鸟，乾坤水上萍。"[②]事莫大于揖逊征诛[③]，而康节[④]云："唐虞揖逊三杯酒，汤武征诛一局棋。"[⑤]人能以此胸襟眼界，吞吐六合，上下千古[⑥]，事来如沤生大海[⑦]，事去如影灭长空。自经纶万变而不动一尘矣。

〔注释〕

①子美：唐代诗人杜甫，字子美。

②"日月"二句：杜甫诗《衡州送李大夫七丈勉赴广州》："斧钺下青冥，楼船过洞庭。北风随爽气，南斗避文星。日月笼中鸟，乾坤水上萍。王孙丈人行，垂老见飘零。"

③揖(yī)逊征诛：政权接替的两种方式。揖逊，揖让，把政权拱手相让于贤者。征诛，以武力夺取政权。

④康节：邵雍，字尧夫，北宋哲学家，终身隐居，死后谥号康节。

⑤"唐虞"二句：出自《伊川击壤集·首尾吟》。据史籍记载：唐尧因虞舜贤有德而让位于他，称为揖让。商汤征夏桀，周武王伐商纣，是以武力取得政权，名曰征诛。三杯酒和一局棋均比喻寻常小事。

⑥“吞吐”二句：评论宇宙间的所有现象，褒贬古往今来的所有事件。吞吐，谈论。六合，指东西南北上下六方，泛指天下或宇宙。上下，褒贬。

⑦沤生大海：大海中的一个气泡。比喻极其渺小。沤，水泡。《楞严经》：“空生大觉中，如海一沤发。”

〔译文〕

万物没有比天地日月更大的了，但杜甫却说：“日月就像笼中的小鸟，天地就像水上的浮萍。”事情没有比改朝换代更大的了，但邵雍却说：“唐尧让位于虞舜，就像饮酒三杯那样简单，汤灭夏桀，武王伐纣，也不过像下一局棋那样。”人如果能用这样的胸怀和眼界来评论宇宙间的所有现象，去褒贬古往今来的一切事件，那么不管遇到什么情况都能应对自如，事情来的时候，把它看作大海里的小气泡，去的时候，就当是流星划过长空，任局势千变万化，而始终保持冷静沉着，不染纤尘。

〔点评〕

把天地日月当作水上萍、笼中鸟，把揖让、杀伐这种改朝换代的大事看得像饮酒、下棋那样洒脱轻松，以此足可以看到，我国古代士子的胸襟足够宏大。人们如果能以这样的胸怀、眼界看待宇宙万物，看待古今之事，就能任世事纷纭万变而内心纤尘不染，始终不为所动，而人事的烦恼、世路的崎岖也就无足称道了。

九二

尼山①以富贵不义，视如浮云；漆园②谓真性之外，皆为尘垢。夫如是，则悠悠③之事，何足介意？

〔注释〕

①尼山:山名,位于山东曲阜市东南,孔子的出生地,这里代指孔子。《史记·孔子世家》:“(叔梁)纥与颜氏女野合而生孔子,祷于尼丘得孔子。”

②漆园:《史记·老子韩非列传》记载,庄子曾为漆园吏。后世遂以漆园代称庄子。

③悠悠:这里指众多。陶渊明《饮酒》诗之十二:“摆落悠悠谈,请从余所之。”

〔译文〕

孔子把富足尊贵而不仁义,看作过眼云烟;庄子认为纯真的天性之外,都是浮尘污垢。如果是这样,那么众多的尘俗之事,又有什么值得介意的?

〔点评〕

孔子曾经说过:“富与贵,是人之所欲也,不以其道得之,不处也;贫与贱,是人之所恶也,不以其道得之,不去也。”(《论语·里仁》)“富而可求也,虽执鞭之士,吾亦为之。”“不义而富且贵,于我如浮云。”(《论语·述而》)在孔子看来,富贵与荣华是人们追求的东西,但是,富贵而不具备仁慈道义之心,那都如浮云过眼,因为没有仁义道德的富贵不可能长久。庄子认为,除了人本真的性情之外,都是尘俗污垢,因为在淳朴诚挚的天性之外,其他都是矫饰造作、虚与委蛇。圣贤就是圣贤,看问题既简单明了,又透彻入骨。

九三

君子好名,便起欺人之念;小人好名,犹怀畏人之心。故人而皆好名，则开诈善之门；使人而不好名，则绝为善之路。此讥好名者，当严责夫君子①，不当过求于小人也。

〔注释〕

①严责夫君子：审查责备那些有道德修养的人。夫，这里是语气词。

〔译文〕

道德修养高尚的君子如果喜好名声，就容易产生欺骗别人的念头；地位低、见识浅的小人如果喜好名声，还会怀有畏惧别人的心思。故而，如果人人都喜好名声，就会打开假装行善的大门；假使所有人都不喜好名声，则会堵绝积德行善的道路。由此看来，如果讥讽喜好名声的行为，那么应当严格要求德行高尚的君子，而不应当苛求德薄识浅的小人。

〔点评〕

希望自己有个好名声，因而得到众人的认可、拥戴，这几乎是人们共性的追求，但传统的思想伦理中，几乎一致排斥人们追求名声的行为，特别是儒家思想，就更加强调崇实不崇名。对于这种情况，《菜根谭》的作者认为，名与实不是割裂的，对于追求名声的现象，不能一概而论。如果人人都追求名声，各式各样的伪善、欺骗都来了，就等于打开了想要伪装善良的大门；如果让所有人都不去追求名声，也就没有了行善的动力，就阻塞了引导人们多做善事的路径。所以作者认为，关于追求名声的问题，应该严格要求君子，而不应该苛责一般人。

九四

大恶多从柔处伏，哲士[1]须防绵里之针；深仇常自爱中来，达人宜远刀头之蜜[2]。

〔注释〕

①哲士：与下句的“达人”同指明哲有智慧的人。

②刀头之蜜：比喻因贪小利而冒大风险。《佛说四十二章经》：“佛言财色之于人，譬如小儿贪刀刃之蜜，甜不足一食之美，然有截舌之患也。”

〔译文〕

大的恶行多在柔顺的表象下潜伏着，所以明智的人必须提防那些外貌和善、内心歹毒的人；深仇大恨常常是从爱中生出，所以通晓事理的人应该远离那些贪小便宜而冒大风险的事。

〔点评〕

此处谈论人世的险恶。似乎可以说，“大恶多从柔处伏”“深仇常自爱中来”，是社会中两种常见现象，当面甜言蜜语、阿谀顺从，背后可能包藏着祸心，明智的人要提防温柔外表下所藏的锋芒；现在蜜意融融、如胶似漆，今后可能由此产生深仇大恨，事理通达的人应远离因交从甚密而产生的深仇大恨。这些告诫，绝不是危言耸听，而是人生经验之谈。

九五

持身涉世，不可随境而迁。须是大火流金[1]而清风穆然[2]，严霜[3]杀物而和气蔼然[4]，阴霾翳空而慧日朗然[5]，洪涛倒海而砥柱屹然[6]，方是宇宙内的真人品。

〔注释〕

①流金：高温熔化金属。多形容气候酷热。

②穆然：和畅、美好的样子。

③严霜：凛冽的霜，浓霜。

④蔼然：温和、和蔼的样子。

⑤“阴霾”句：阴霾，天气阴晦、昏暗。翳（yì），遮蔽，隐没。慧日，佛教用语，指普照一切的法慧、佛慧。朗然，明亮的样子。

⑥“洪涛”句：砥柱，砥柱山。屹然，高耸而稳固的样子。

〔译文〕

立身处世要有坚定的品行操守，不能随着外界环境的变化而迁改。必须做到即使赤日炎炎、流金铄石，胸中却有清风习习，和畅美好；即使寒霜凛冽，万物肃杀，胸中却有平和之气，祥和可亲；即使阴云密布，天昏地暗，内心却有慧日普照，晴空朗朗；即使洪涛巨浪，翻江倒海，内心却有中流砥柱，屹立不动，这才是天地之间真实而崇高的人格品行。

〔点评〕

持身修省要有坚定的品行操守，历经世事要有坚定的行事原则，不能因为外在环境的变化而失去自己，从而成为“墙头草”和“变色龙”。作者强调，无论环境怎样变化、怎样凶险（“大火流金”“严霜杀物”“阴霾翳空”“洪涛倒海”），都要保持住自己，这才是具有崇高修养境界的“真人品”。需要特别指出的是，这里作者强调“持身涉世，不可随境而迁”，与前面第九〇条强调处世要懂得圆融变通并不矛盾。持身涉世要有自己的操守与原则,是对自身提出的要求;圆融变通则是强调要对外部的人与事多一些理解与协同,这是一个问题的两方面。

九六

爱是万缘[①]之根,当知割舍;识[②]是众欲之本,要力扫除。

〔注释〕

①万缘:众多的缘。佛教以内心对于外境的感应为缘。万缘即心对一切事物的感应。

②识:知识、见识,所知道的道理。

〔译文〕

爱是人心对一切事物感应的根源,应该知道控制、割舍;识是人世间一切欲望的根基,当要尽力戒除掉。

〔点评〕

"爱"与"识",本身并没有错,没有"爱",人类便失去对一切美好事物的追求,人类生存的意义也就不复存在;没有"识",先哲达人总结的自然知识和道德规范就无法传承,人类就会一直处于蛮荒状态。这么宝贵的东西,为什么竟然成了要割舍、扫除的东西呢?原因就在于,过分强烈的情感,自以为是的道理,往往是招致各种灾祸的根源。真正要摒弃的并不是"爱"与"识",而是以"爱"和"识"为借口的那种过分浓烈的情感和成见。其实,作者要求人们割舍"爱",扫除"识",也有点儿偏激,"爱"是割舍不掉的,也不应该割舍,"识"就更不应该扫除了,只是人们应该懂得节制,“爱”要理性,“识”不偏执。

九七

作人要脱俗,不可存一矫俗①之心;应事要随时,不可起一趋时②之念。

〔注释〕

①矫俗:纠正世俗。此处指为了纠正坏习俗而有意标新立异。

②趋时:追逐时代浪头。

〔译文〕

做人要超脱世俗,但又不能为了纠正坏习俗而有标新立异的心思;处理事情要顺应时尚,但又不应有一点点追逐时潮的想法。

〔点评〕

怎样对待世俗与时尚?作者的观点是:既要摆脱世俗的影响,又不能有矫正世俗风气的想法;处世既要顺应时尚,又不可产生追赶时尚的念头。这种看似矛盾的观点,其实还是很有道理的,“脱俗”是对自身的要求,是自己的一种修养境界,不存“矫俗之心”是对外界、对他人的尊重,也是一种道德水准。脱俗而不矫俗、随时而不趋时说的都是一种恰到好处的分寸,应该好好拿捏。

九八

宁有求全之毁,不可有过情①之誉;宁有无妄之灾②,不可有非分之福。

〔注释〕

①过情:超过实际情况。

②无妄之灾:意外灾害。《周易·无妄》:“无妄之灾,或系之牛,行人之得,邑人之灾。”

〔译文〕

宁可因追求完美而遭人诋毁,也不可接受超过实情的赞誉;宁可承受平白无故的灾害,也不可希求不合本分的福祉。

〔点评〕

怎样面对祸福毁誉?作者的观点是:宁可因追求完美而遭诋毁,也不要超过实际的赞誉;宁可承受无缘无故的祸灾,也不接受不合本分的福祉。孟子说:“声闻过情,君子耻之。”除了耻之之外,更应该想一想,那些给你“过情之誉”的人究竟是为了什么,可能世上没有无缘无故的过情之誉。至于祈盼“非分之福”,现实社会中这样的例子就太多了,总有些人把陷阱当成馅饼,一旦上当,才悔之莫及。

九九

毁人者不美,而受人毁者,遭一番讪谤①,便加一番修省,可以释回而增美②;欺人者非福,而受人欺者,遇一番横逆③,便长一番器宇④,可以转祸而为福。

〔注释〕

①讪(shàn)谤:毁谤、讥笑。

②释回而增美：谓去除邪僻，增加美善。《礼记·礼器》："礼，释回，增美质。"郑玄注："释，犹去也；回，邪辟也；质，犹性也。"

③横（hèng）逆：横暴无理的行为。

④器宇：度量、胸襟。

〔译文〕

诋毁别人的人，品行不好，但受到别人诋毁的人，遭受一次讥讽，便会增加一次修身反省的功夫，可以去除邪僻，增加美善；欺侮别人的人，得不到福惠，但受到别人欺侮的人，遭遇一次横暴无礼，便会增长一次胸襟度量，可以把祸患转变为福气。

〔点评〕

被人诋毁，遭人欺骗，这种情况可能是人们不得不面对的。这里告诉人们：诋毁别人，不能让自己变得美好，反而使遭受讥讽毁谤的人增加修身反省的功夫，变得更美善；欺侮别人，得不到什么福惠，反而使受到欺侮的人增长胸襟度量，把祸患变为福气。诋毁、欺骗都是恶行，恶行当然不能让自己美好、幸福，但是被诋毁、被欺骗者，也需要有"卒然临之而不惊，无故加之而不怒"的胸襟，才能实现"增美""为福"的转换。

一〇〇

梦里悬金佩玉①，事事逼真，睡去虽真觉后假；闲中演偈谈玄②，言言酷似，说来虽是用时非。

〔注释〕

①悬金佩玉：古代贵族服饰，指身为达官显宦。金，金印，也指金质

饰物。

②演偈谈玄：偈(jì)，即佛经中的唱颂词，通常以四句为一偈。谈玄，谈论玄理，亦指谈论宗教义理。

〔译文〕

睡梦里悬挂金印，佩戴美玉，每件事都很逼真，可惜睡着时的这些真，醒来后都是假的；空闲时演绎佛经中的偈颂，谈论道家玄理，每一句听起来都像模像样的，可惜说起来头头是道，应用时却一无是处。

〔点评〕

作者在本条中说了两种人：一种是白日做梦的人，一种是夸夸其谈的人。喜欢做白日梦的人，总希望自己也能有显赫的地位与生活，却又总不愿意为此付出努力，所以很难有梦想成真的那一天。而夸夸其谈的危害就大得多，这种人平时讲经论道，高谈阔论，貌似高深，但真正处事过程中却一无所长、一无是处、一筹莫展。更为严重的是，如果整个社会形成夸夸其谈的风气，以空谈为荣耀，以玄虚为崇尚，将会造成“清谈误国”的恶果。

一〇

天欲祸人①，必先以微福骄之②，所以福来不必喜，要看他会受；天欲福人，必先以微祸儆③之，所以祸来不必忧，要看他会救④。

〔注释〕

①天欲祸人：上天要想降祸给一个人。祸人，使人致祸。下文的“福

人”，用法相同。

②骄之：（以使）骄横、放纵。

③儆：警诫。

④救：拯救、救赎。

〔译文〕

老天想要降祸于人，必然会先给他一些小福气，使他骄傲懈怠，所以，福气来了不必太高兴，关键要看他会不会消受福气；老天想要降福于人，必然会先给他一点儿小灾难，以使他警惕起来，所以，灾祸来了不必担忧，关键要看他会不会解脱灾祸。

〔点评〕

我们都知道“塞翁失马”的故事，这个故事告诉人们，在一定条件下，祸与福是可以互相转化的。按照作者的说法是：上天要降灾祸给一个人，一定先给他一点点福分，使他骄傲放纵；上天要降福给一个人，一定先给他些许的祸端，来给他以警诫，所以福来不必喜，祸来不必忧，关键在于怎样应对。这个道理，两千五百多年前的先哲老子说得更简洁：“祸兮福之所倚，福兮祸之所伏。”

一〇二

荣与辱共蒂[①]，厌辱何须求荣？生与死同根，贪生不必畏死。

〔注释〕

①共蒂：本源相同。蒂，花或瓜果与枝茎相连的部分。引申为本源。

〔译文〕

荣与辱是一根藤上的两朵花,有荣就有辱,厌恶羞辱就不要追求荣誉;生与死是一条根上的两颗果,有生就有死,希求生命也不必害怕死亡。

〔点评〕

一般来说,人们都喜欢获得荣誉,喜欢长寿,但真正懂得珍惜荣誉的人都能客观看待羞辱,真正热爱生命的人也能坦然面对死亡,有些人反而因过分看重荣耀而蒙羞,因过于追求长寿而寿浅。只有深谙“荣辱共蒂”“生死同根”的道理,才能修得“去留无意,荣辱不惊”的境界。

一〇三

非理[①]外至,当如逢虎而深避,勿恃格兽之能;妄念内兴,且儗[②]探汤而疾禁[③],莫纵染指之欲。

〔注释〕

①非理:不符合道德义理的事。

②儗:通“疑”。

③探汤而疾禁:探汤,以手探沸腾的水,比喻会造成严重后果。《论语·季氏》:“见善如不及,见不善如探汤。”疾禁,尽快禁止。

〔译文〕

不合道德义理的行为稍有表露,就应该像遇到老虎那样,赶紧回避深藏,不要自以为有与老虎格斗的能力;虚妄的念头刚在内心里兴起,姑且怀疑是手指触到沸腾的水,应立刻禁止妄念,切莫放纵任何非分的欲望。

〔点评〕

本条说的是“慎始”。不合道德义理的行为稍有表露,虚妄的念头刚刚兴起,就要像遇到老虎和沸水那样,马上“深避”“疾禁”,把不当行为、想法消灭在萌芽状态。管子说:“微邪者,大邪之所生也。”荀子说:“祸之所由生也,生自纤纤也。”《吕氏春秋·先识览·察微》里说:“治乱存亡,其始若秋毫,察其秋毫则大物不过矣。”古人关于“慎始”“慎微”的论述,不胜枚举。

一〇四

鹩①占一枝,反笑鹏心奢侈;兔营三窟②,转嗤鹤垒③高危。智小者不可以谋大,趣卑者④不可与谈高,信然矣!

〔注释〕

①鹩(liáo):鹪鹩,一种小鸟。此处比喻目光短浅的人无法理解胸怀大志的人。《庄子·逍遥游》:“鹪鹩巢林,不过一枝。”“鹏之徙于南冥也,水击三千里,抟扶摇而上者九万里。”

②兔营三窟:即“狡兔三窟”,常用于贬义,比喻为防避灾祸,多留后路,或藏身处多。《战国策·齐策四》:“狡兔有三窟,仅得免其死耳;今君有一窟,未得高枕而卧也;请为君复凿二窟。”

③鹤垒:鹤的巢。

④趣卑者:趣味低下之人。

〔译文〕

鸺鹠占据一根树枝筑巢，反倒嘲笑振翅九万里的大鹏心里的追求太奢侈；野兔在地上营建三处洞窟，反倒嗤笑白鹤的巢穴又高又险。智慧浅小的人不可以与他共同谋划大业，趣味低下的人不可以与他谈论高远情怀，确实如此啊！

〔点评〕

这里是说生存的环境往往左右人的见识高下、趣味高低，甚至于导致用褊狭的眼光看待问题。所以，不同的人做不同的事情、有不同的追求，这就是所谓的“道不同不相为谋”。另一方面，智力水平、品位情趣、心胸眼界高下不同的人，应该互相理解包容，而不应该互相讥讽，正如鸺鹠不应该嘲笑大鹏、狡兔不应该嗤笑白鹤一样。

一〇五

贫贱骄人①，虽涉虚㤝②，还有几分侠气；英雄欺世，纵似挥霍，全没半点真心。

〔注释〕

①贫贱骄人：指蔑视权贵。骄人，傲视他人，向他人显示骄矜。《史记·魏世家》田子方说：“亦贫贱者骄人耳。”

②虚㤝：不切实际地傲视别人。㤝，同“骄”。

〔译文〕

生活贫寒、社会地位低下却傲视别人，虽然有些虚妄，但还是有几分侠气令人钦佩；凭借英雄之誉而欺世盗名，即使洒脱，里面也没有半点真心实意。

〔点评〕

对于“贫贱骄人”与“英雄欺世”这两种人，作者认同前者而排斥后者。虽然贫贱却还能傲视权贵，这是对自我价值的肯定，是一种侠气与孤傲，相比于趋炎附势，这是对自我人格的珍视。“贫贱骄人”体现的是传统的儒家思想所倡导的骨气，贫贱士子之所以愤世嫉俗，就是因为他们的人生理想、个人抱负难以实现，所以才用自己的孤傲来表达对现实的积愤。欺世的英雄，专横跋扈，挥霍着自己的名声，其实并没有多少底气。

一〇六

琴书诗画，达士以之养性灵①，而庸夫徒赏其迹象；山川云物，高人以之助学识，而俗子徒玩其光华。可见事物无定品②，随人识见以为高下。故读书穷理③，要以识趣④为先。

〔注释〕

①性灵：性情。

②定品：固定不变的评定。

③穷理：深入研究事理。

④识趣：见识、情趣。

〔译文〕

琴书诗画，通达之士用它们来怡养性情，而平常的人只能欣赏它们的外在形象;山川名胜,高明之人用它们来助长学识,而凡俗之子只会玩赏它们表面明丽的景色。由此可见,客观事物并没有一定的品评,只是随着欣赏之人的学识、见解不同而表现出高下之别。故而,阅读书籍、探究事理,要以提高自己的识见志趣为首要目标。

〔点评〕

作者做了这么几个比喻,其实是在说明一个简单的道理:客观事物本身没有什么不同,不同的是操持、欣赏它的人;同样的客观事物,在不同的人那里会有不同的感受与评价。所以,阅读圣贤之书也好,探究世事道理也罢,都应该以提高自己的见识、情趣为要旨,而不要走马观花、附庸风雅。

一〇七

美女不尚铅华①,似疏梅之映淡月;禅师不落空寂②,若碧沼之吐青莲③。

〔注释〕

①铅华:脂粉,泛指化妆品。《新唐诗·宫词补遗》:“洗尽铅华依丰盈,雨落荷叶珠难停。暗服阿胶不肯道,却说生来为君容。”

②空寂:佛教认为无诸相曰空,无起灭曰寂。前者是就空间范畴而言,后者是就时间范畴而言。

③碧沼:青绿色的水池。

〔译文〕

真正漂亮的女子,不崇尚涂脂抹粉、浓妆艳抹,就像疏落的梅花映衬着淡淡的月光，更显美而不俗；功德高深的禅师，不认为一世苦修是空寂落寞，就像生长在碧绿池水中的莲花，显得清风仙骨。

〔点评〕

美女真正之美，在于自然之姿，所以，真正的美女不喜欢浓妆打扮，也不需浓妆打扮，这是一种“疏梅映淡月”纯真淡雅的美，这种质朴与淡雅，正是古代雅士的品格追求。禅宗强调对“本真”的追求，主张以“淡然无极”的方式感悟宇宙人生，一切事物入此心境，都得到净化和静化，自然也就不会有空寂落寞，整个身心，自然如青莲般纯净，纤尘不染。这里是说成佛也不需要烦琐的修为。

一〇八

廉官多无后，以其太清也；痴人每多福，以其近厚也。故君子虽重廉介[①]，不可无含垢纳污[②]之雅量；虽戒痴顽，亦不必有察渊洗垢[③]之精明。

〔注释〕

①廉介：清廉而正直。

②含垢纳污：容忍污浊不洁之事。

③察渊洗垢：明察深层事理，比喻过分地深察苛求。

〔译文〕

为官清廉的人往往没有后路，就是因为他们太清正了；痴顽之人往往福气多，那是因为他们接近忠厚。所以说，有道德修养的人，虽然看重廉洁正直，但也不能没有容人之过的宽宏大量；虽然主张戒除痴顽，但也不必有过分深察苛求的精细严明。

〔点评〕

作者在这里所说的现象，告诉人们一个做人的道理："凡事有度，过犹不及。"为官清正廉洁的人往往结局不好，"憨人有憨福"却是一种常见现象。其原因就在于，清正廉洁之人往往刻板刚正，导致树敌太多，而所谓的"憨人"却显得处世宽厚，让人感觉容易接近。所以，真正道德修养高深的人，既注重自身清廉，又有容人过错的度量；虽对人启智诫愚，又不过分苛责他人。

一〇九

密则神气拘逼[①]，疏则天真烂漫，此岂独诗文之工拙[②]从此分哉？吾见周密之人纯用机巧，疏狂之士独任性真[③]。人心之生死，亦于此判[④]也。

〔注释〕

①神气拘逼：神气，神韵、气度。拘逼，拘谨、限制。
②工拙：这里指优劣标准。
③性真：本性真挚。
④判：鉴别、判定。

〔译文〕

文章构思太缜密就显得神韵拘谨，而疏狂些则显得纯真烂漫，这难道仅仅是写诗作文区别好坏的标准吗？我见过一些处事周密严谨的人，他们做事都是用心谋划，机智巧变，而一些粗鲁狂放之人，他们做事从来不假思索，任性纯真，人内心里的压抑与张扬，也可以由此判别出来。

〔点评〕

做人也如做文章，构思谋划过于精细缜密，就不可能有恢宏雄浑的意境，事事精心谋划，做人就少了纯真的天性，少了旷达的格局。更为严重的是，处世过于缜密，长此以往，对自己的天性是一种压抑，心灵空间也会因此变得狭窄，对自己的心性是一种扼杀。因此，待人处世用心不要过于缜密，保持淳朴、真诚的本性就好。

一一〇

翠筱[①]傲严霜，节纵孤高，无伤冲雅；红蕖[②]媚秋水，色虽艳丽，何损清修[③]？

〔注释〕

①筱（xiǎo）：细小的竹子。

②红蕖（qú）：荷花，也称芙渠。莲花未开曰菡萏，已开曰芙蕖。

③清修：清洁美丽，指操行高洁美好。《后汉书·宋弘传》："太中大夫宋汉，清修雪白，正直无邪。"

〔译文〕

翠绿的细竹傲视严霜，虽然气节有些孤僻高傲，但无妨其品格的脱俗高雅；红色的荷花映照着绿水，色彩虽然艳丽炫目，但无损于它操行的纯洁美好。

〔点评〕

这里用“翠筱”和“红蕖”作比，旨在说明美好的事物自有其内在不变的美的本质，外在的清高与媚俗改变不了事物的本质属性。名士虽然有一些清高孤傲的毛病，但他依然称得上名士，因为他的品格和趣味决定了这一点；美女有时即便着装艳俗，但依旧称得上美女，因为她美好的操行并没有改变。

———

贫贱所难，不难在砥节①，而难在用情②；富贵所难，不难在推恩③，而难在好礼④。

〔注释〕

①砥节：磨砺节操。

②用情：表现、控制情绪。

③推恩：施恩惠于他人。《孟子·梁惠王上》：“故推恩足以保四海，不推恩无以保妻子。”

④好礼：凡事都按照礼的标准来行事。《论语·学而》：“子贡曰：‘贫而无谄，富而无骄，何如？’子曰：‘可也。未若贫而乐，富而好礼者也。’”

〔译文〕

贫穷卑贱的人，不难在砥砺节操，而难在表达调控情感；富裕尊贵的人，不难在广施恩惠，而难在遵循礼的标准行事。

〔点评〕

生活贫困、地位低下的人，能够保持节操、磨炼意志已经实属不易，但更难的是如何表达和控制自己的情感，对自己的贫困坦然面对，对别人的富贵不嫉不恨，与富贵之人相处也能坦然自若，练就这样的气度是很难的。而身为富贵之人，在别人需要的时候施以援手，乃至广施恩惠于他人并不难，难的是不把财富当成炫耀自己、蔑视他人的资本，放下高高在上、盛气凌人的架子，对受己之恩者以礼相待。看来，不论是贫贱还是富贵，意识深处都有需要跨越的障碍。

一一二

簪缨之士[①]，常不及孤寒之子，可以抗节[②]致忠；庙堂[③]之士，常不及山野之夫，可以料事烛理[④]。何也？彼以浓艳损志，此以淡泊全真[⑤]也。

〔注释〕

①簪(zān)缨之士：官居高位的人。意同下文的“庙堂之士”。簪缨，古代高官头上的装饰，这里代指高官。

②抗节：坚守节操。

③庙堂：本义为宗庙，后多指朝廷。

④料事烛理：预见事物的发展，处理事情精辟英明。烛，明察、洞悉。《韩非子·难三》：“明不能烛远奸，见隐微。”

⑤淡泊全真：以淡泊保全本性。淡泊，指不追求名利。

〔译文〕

那些衣冠楚楚的高官，在国难临头的时候，常常还不如孤苦贫寒之人，能以高尚的节操，表达对国家的忠诚；那些身居朝廷的显官，在处理事情的时候，常常还不如山野村夫，能把事理看得清楚明白。这究竟是为什么？这是因为，达官显宦们骄奢安逸的生活，消损了他们的意志，社会下层的人们生性淡泊，纯真的品行才得以保全。

〔点评〕

衣冠楚楚的高官，常不如孤苦贫寒之人，能坚持节操，忠诚于国家；身居朝廷的显宦，处理事情还不如山野村夫，能把事理看得清楚。出现这种情况的原因，除了如作者所说达官显宦们的意志被消磨之外，还在于他们的羁绊太多。想坚持操守，忠于国家，又顾忌自己的身家老小、万贯家财，即便有时也想把事情弄个清楚，处理公正，但自身利益的作用，让他们跳不出方方面面的掣肘。所以，不论是“簪缨之士”还是“庙堂之士”，都应该以“淡泊”保“全真”。

一一三

荣宠旁边辱等待，不必扬扬[①]；困穷背后福跟随，何须戚戚[②]。

〔注释〕

①扬扬：快乐得意的神情。

②戚戚：忧惧悲伤的样子。

〔译文〕

荣耀的旁边就可能有屈辱在等待，所以，拥有了荣耀不必得意扬扬；贫困潦倒的背后可能跟随着福气，因此，何必因为贫困而忧虑悲伤？

〔点评〕

这里同前面的第一〇一条一样,在于从不同的角度阐释“福祸相依”的道理。世上的一切事物都是互相依存的,也是发展变化的。荣宠与屈辱,贫困与富足,也是两组矛盾体,在一定的条件之下也是可以转化的。面对荣宠,如果沾沾自喜,趾高气扬,就可能因忘乎所以而乐极生悲;身处穷困之中,如果不坠青云之志,孜孜以求,奋发图强,就可能走出困境,否极泰来。所以,作者告诫人们:“荣宠……不必扬扬,困穷……何须戚戚。”

一一四

古人闲适处,今人却忙过了一生;古人实受①处,今人反虚度了一世。总是耽空逐妄②,看个色身③不破,认个法身④不真耳。

〔注释〕

①实受:实际受用。

②耽空逐妄:沉溺于空想之中,追求虚妄的东西。

③色身:佛教用语。《坛经》:“皮肉是色身。”色,佛教中指一切可以感知的形质。称由四大(地、水、火、风)及五尘(色、声、香、味、触)等色法而成之身为色身,即肉身。

④法身:佛教用语。佛教称佛的真身为法身,“法身”不生不灭,无形而随处现形,也称为佛身。《大乘义章》十八:“言法身者,解有两义:一、显法本性以成其身,名为法身;二、以一切诸功德法而成身,故名为法身。”

〔译文〕

古人悠闲自在地面对生活,今人却在忙碌中过了一生;古人对待生活看重实际的受用,今人反倒白白地活过一世。今人总是沉湎于空洞的幻想、追逐虚妄的东西,把尘俗虚幻的肉身看不破,将不生不灭的法身认不清。

〔点评〕

“今人”忙碌,可以说已经成为一种普遍的社会现象。对于这种情况,应该从两方面去看待。一、忙碌些是应该的,美好生活要靠自己去努力创造,不首先去付出,等是等不来的,更不应该只靠别人的施舍救助。二、整天忙忙碌碌,还不是为了有一份美好的生活?而美好生活的内涵不仅仅是物质层面,更包括精神层面的体验与提升。所以,人们在追求美好生活的忙碌中,要认清生活中真正重要的东西,试着在忙碌中放慢脚步,欣赏沿途美景,在“慢生活”中享受生活的美好。在忙碌中创造生活,在闲适中体味生命,无论是“古人”还是“今人”,这都应该是一种正确的生活态度。看到本条所使用的“色身不破”“法身不真”这些概念,还以为是在讲经说禅,其实全是生活的要旨。

一一五

芝草无根醴无源①,志士当勇奋翼;彩云易散琉璃②脆,达人当早回头。

〔注释〕

①“芝草”句:芝草,灵芝,菌类,古人以为服之能成仙。醴(lǐ),甘甜的泉水。《会稽典录》:“天之福人不在贵族,芝草无根,醴泉无源。”

②琉璃:用铝和钠的硅酸化合物烧制成的釉料,多加在黏土的外层,烧制成缸、盆、砖瓦等。琉璃色彩鲜艳,但质脆,易脱落。

〔译文〕

珍贵的灵芝没有根基，甘甜的醴泉没有源头，所以有志之士应当奋勇争先，振翅高飞；美丽的彩云容易消散，晶莹的琉璃脆薄易碎，所以贤达之人应当及早回头，勿过分追求。

〔点评〕

“芝草无根醴无源”，典出三国时期虞翻的《与弟书》。虞翻被孙权流放到南方，写信给弟弟，请弟弟给儿子寻亲，他在信中说：“长子容当为求妇，远求小姓，足使生子。天之福人，不在贵族，芝草无根，醴泉无源。”虞翻比喻精辟，后人常常引用。《菜根谭》的作者也借此勉励人们“志士当勇奋翼”，但同时又用“彩云易散琉璃脆”告诫人们，“达人当早回头”。这种看似矛盾的态度，实则反映了作者一贯的应世态度：凡事都要有度，既要自强不息、积极进取，同时世事难料，对任何事情也不要过分沉溺。

一一六

少壮者，事事当用意而意反轻，徒泛泛作水中凫①而已，何以振云霄之翮②？衰老者，事事宜忘情而情反重，徒碌碌为辕下驹③而已，何以脱缰锁之身？

〔注释〕

①凫（fú）：野鸭。

②翮（hé）：鸟羽的茎状部分，中空透明。引申为鸟的翅膀。

③辕下驹：形容人局促，无胸怀抱负。《史记·灌夫传》：“今日廷论，局趣效辕下驹。”

〔译文〕

年轻力壮的人，对待每一件事都应当上心在意，而做事敷衍的年轻人，只能做水面上一只普普通通的野鸭而已，怎能振翅高飞到云霄之中？力衰年老的人，对待每一件事都应当无牵无挂，而有此老人们用情更深，这样只能做车辕下一只忙忙碌碌的马驹而已，怎能挣脱身上的缰绳锁链，获得自由？

〔点评〕

年轻力壮的人，应该沉下心来，认认真真地做好每一件事，而恰恰这个阶段的人容易心浮气躁，做事浮漂；力衰年老的人，应该心胸洞彻，对世事人情了无牵挂，而事实上正好相反，老年人反而用情更深，难以挣脱各种缰锁。年轻人血气未定，对人生的希望颇多，所面临的各种诱惑也多，所以很难沉下心来；而年老体衰之时，生活圈子、人生视野都会变窄，越是感觉来日无多，越是对既有的生活难以割舍，贪恋之心也就越重。正是因为这个“结”不容易解开，所以作者才在本条中用两个“何以”，分别给“少壮者”和“衰老者”以诚挚的提醒。

一一七

帆只扬五分，船便安；水只注五分，器便稳。如韩信[①]以勇略震主被擒，陆机[②]以才名冠世见杀，霍光[③]败于权势逼君，石崇[④]死于财赋敌国，皆以十分取败者也。康节云：“饮酒莫教成酩酊，看花慎勿至离披。”[⑤]旨哉言乎！

〔注释〕

①韩信(约前231—前196):淮阴(今江苏淮安)人,西汉开国功臣,与萧何、张良并称“汉初三杰”。韩信曾先后被封为齐王、楚王,后遭高祖刘邦疑忌,贬为淮阴侯,最后以谋反罪被吕后所杀。

②陆机(261—303):字士衡,吴郡吴县(今江苏苏州)人,西晋著名文学家。“少有奇才,文章冠世”,被誉为“太康之英”。“八王之乱”之中,成都王司马颖任用陆机为后将军、河北大都督,兵败受谗,为司马颖所杀。

③霍光(?—前68):字子孟,河东平阳(今山西临汾)人。武帝后期重要谋臣,霍光前后执掌汉室最高权力近二十年,权倾朝野,霍氏子弟姻亲纷纷担任要职。霍光死后三年,宣帝以谋反罪诛灭霍氏家族。

④石崇(249—300):字季伦,渤海南皮(今河北沧州南皮县)人。为晋武帝器重,初封中郎将,后任荆州刺史等职,升太仆。石崇是西晋首富,生活极度奢华。“八王之乱”中,石崇失势,后被赵王司马伦所杀。

⑤“饮酒”二句:语出北宋邵雍《安乐窝》,原作“饮酒莫教成酩酊,赏花慎勿至离披”。酩酊,大醉的样子。离披,纷纷下落的样子。

〔译文〕

帆只扬起一半,行船便能安稳;水只注入一半,容器才能稳当。正如韩信因为勇猛和谋略震慑君主而被擒获,陆机因为才华、名望超出众人而被杀害,霍光因为权位、势力逼迫君主而败亡,石崇因为富可敌国而被杀。他们都因为做满了十分(做过了头)才招来杀身之祸的。邵雍说:“饮酒不要喝得酩酊大醉,看花千万不要看到落花纷飞。”这话真是意味深长啊!

〔点评〕

“帆只扬五分,船便安;水只注五分,器便稳”,这是比喻做人做事要留有余地，是人们在生活中总结出的大智慧。作者连用韩信、陆机、霍光、石崇的案例提出警示：他们之所以引来杀身之祸，就是因为做人太“满”。出现这种情况的根本原因还是人的贪欲，过于贪图施展自己的能力，贪图名声、权势、钱财，以致忘记了“满招损”的古训，最终为人们所嫉恨。像北宋邵雍说的那样，“饮酒莫教成酩酊，赏花慎勿至离披”，做人做事把握好分寸，实在是太重要了。

一一八

附势者如寄生依木，木伐而寄生亦枯；窃利者如蠕虰[1]盗人，人死而蠕虰亦灭。始以势利害人，终以势利自毙。势利之为害也，如是夫！

〔注释〕

①蠕虰：人体肠内寄生虫。五代南唐谭峭《化书·天地》：“蠕虰者，肠中之蠹也。赙我精气，铄我魂魄。”

〔译文〕

依附权势的人，犹如寄生植物依靠树木，树木砍伐后寄生植物也就枯死了；窃取利益的人，犹如蠕虰咬食人体，人死了蠕虰也就跟着死亡。他们因贪图势利损害别人，最终又因贪图势利自我毙命。势利会造成危害的，就像这样！

〔点评〕

作者认为，“附势者”与“窃利者”会得益于一时，但他们的结局不会很好，因为，他们所依附的势力有倒台之时，所盗取的利益有穷尽之时。除此之外,趋炎附势的人往往会狐假虎威、为虎作伥,这必定加速其自取灭亡的过程。盗取不当利益的人,如果让别人都无法好好生活,那么将会激起众人的愤恨,他最终也不可能有好的生活。这里表达了对“附势者”与“窃利者”的无比憎恶。

一一九

失血于杯中,堪笑猩猩之嗜酒[①];为巢于幕上[②],可怜燕燕之偷安。

〔注释〕

①“失血”二句:唐欧阳询《艺文类聚》引《蜀志》曰:“封溪县有兽曰猩猩,人以酒取之,猩猩觉,初暂尝之,得其味甘而饮之,终见羁缨也。”失血,这里指被人杀以取血。杯中,指杯中之物,即酒。

②为巢于幕上:燕子在随时可能撤走的帐幕上筑巢。后以“燕巢于幕”比喻处境非常危险。《左传·襄公二十九年》:“夫子之在此也,犹燕之巢于幕上。”

〔译文〕

被缚流血只因贪杯中之物,猩猩因为嗜美酒而遭到捕杀,真是让人觉得可笑;巢穴筑在临时设起的帐幕上,燕子苟且偷安而不计长远,真是让人觉得可怜。

〔点评〕

本条作者用猩猩嗜酒殒命、燕子巢幕偷安的事例,告诫人们不要因为贪图眼前利益而搭上性命,也勿因贪图安逸而忽视显而易见的危险。明朝刘元卿在《贤奕编·警喻》中也写过一则《猩猩嗜酒》的寓言，也是讲猩猩因为嗜酒而被猎人捉住，寓言结尾说："夫猩猩智矣，恶其为诱也，而卒不免于死，贪为之也。"所以，做人一定要力戒贪欲。

一二〇

鹤立鸡群，可谓超然无侣矣。然进而观于大海之鹏①，则眇然②自小；又进而求之九霄之凤③，则巍乎莫及。所以至人常若无若虚，而盛德多不矜不伐④也。

〔注释〕

①鹏：传说中最大的鸟。《庄子·逍遥游》："北冥有鱼，其名为鲲。鲲之大不知其几千里也。化而为鸟，其名为鹏。鹏之背不知其几千里也。怒而飞，其翼若垂天之云。"

②眇（miǎo）然：弱小的样子、微小的样子。

③九霄之凤：梁萧统《昭明文选》载宋玉《对楚王问》："凤凰上击九千里，绝云霓，负苍天；翱翔于窈冥之上。藩篱之鷃岂能与之料天地之高哉！"

④不矜不伐：不骄傲、不夸耀。矜，骄傲。伐，夸耀。《老子》二十二章："不自伐，故有功；不自矜，故长。"

〔译文〕

鹤站立于鸡群之中，可以说是超乎其类，没有能与之匹配的伙伴了。然而要进一步与大海之中的大鹏相比，就会觉得它实在是太渺小了；如果再进一步与九霄之上的凤凰相比，就会发现那是它根本无法企及的。所以，超凡脱俗的人常常虚怀若谷，品德高尚的人从不骄傲自夸。

〔点评〕

人要正确认识自己，要学会比较，在比较中懂得谦虚。鹤立于鸡群之中，确实出类拔萃，但是要与大海之中的鹏鸟、九霄之上的凤凰相比，它简直就是渺小得不足挂齿。作者通过这个比喻，就是想要告诉人们，别忘了“人外有人，天外有天”这句俗语，教育人们要向那些道德修养高尚的人学习，谦虚谨慎，虚怀若谷，从不骄傲自夸。

一二一

铅刀①只有一割能，莫认偶尔之效，辄寄调鼎②之责；干将③不便如锥用，勿以暂时之拙，全没倚天之才。

〔注释〕

①铅刀：铅质的刀，作刀不锐。故比喻无用的人和物。《后汉书·班梁列传》：“昔魏绛列国大夫，尚能和辑诸戎，况臣奉大汉之威，而无铅刀一割之用乎？”

②调鼎：烹调食物。后用“调鼎”比喻治理国家的才能，又比喻任宰相之职。孟浩然《都下送辛大之鄂》：“未逢调鼎用，徒有济川心。”

③干将：《吴越春秋》：“干将者，吴人，与欧冶子同师，俱作剑。前献剑一枚，阖闾得而宝之，以故使干将造剑二枚，一曰干将，二曰莫耶。”后“干将”遂被用为宝剑的代称。

〔译文〕

铅做的刀只能用上一次，不要因为偶尔能做成一件事，就总以为能承担宰相那样的职责；宝剑有时还不如锥子好用，不要因为暂时的拙笨无用，就完全埋没一个旷世奇才。

〔点评〕

此处谈用人之道。用人之道，重在用人之长、舍人之短，无论是优点还是缺点，都不能从片面的角度去看，不要因为一个人一时的表现而轻易下定论。比如说，一个人在某方面表现稍微有些出色，就轻易地把重任托付给他，这就是很不慎重的行为。识人善任，对于管理者非常重要，如果被一时的表现蒙蔽了眼睛，无论是忽略了一个人的才能，还是轻率地重用了不该重用的人，都会造成不良后果，有时还可能是难以挽回的恶果。

一二二

贪心胜者，逐兽而不见泰山在前，弹雀而不知深井在后①。疑心胜者，见弓影而惊杯中之蛇②，听人言而信市上之虎③。人心一偏，遂视有为无，造无作有。如此，心可妄动乎哉！

〔注释〕

①“逐兽”二句：指被眼前利益蒙蔽，而看不到危险就在身边。《淮南子·说林训》：“逐兽者目不见太山，嗜欲在外，则明听蔽矣。”

②“见弓影”句：“杯弓蛇影”的典故，指因疑神疑鬼而自找惊扰。东汉应劭《风俗通》：“应彬请杜宣酒，杯中如蛇，宣得疾。后于故处设酒，蛇乃弩影耳。”

③市上之虎：比喻如果传播者多的话，即使谎言也会被看作真事。也常比喻人言可畏，谣言惑众。典出《韩非子·内储说上》：“庞恭与太子质于邯郸，谓魏王曰：‘今一人言市有虎，王信之乎？’曰：‘不信。’‘二人言市

有虎，王信之乎？'曰：'不信。''三人言市有虎，王信之乎？'王曰：'寡人信之。'庞恭曰：'夫市之无虎也明矣，然而三人言而成虎。'"

〔译文〕

贪心太大的人，只知道追逐猎物而看不见泰山就在前面，只顾弹射鸟雀而不知深井就在后面；疑心太大的人，看见酒杯中的弓影就以为杯中有蛇，听人传言就相信街市上真的有了老虎。可见，人心要是偏了，就会把有看成无，把无当作有。如此说来，人心难道可以随便妄动吗？

〔点评〕

在《菜根谭》里面，作者一再告诫人们不要太贪心。此处讲贪心太重的人，只知道追逐猎物而看不见泰山就在前面，自己就要撞到崖石上却全然不知，只顾弹射鸟雀而不知深井就在后面，随时就会有生命的危险。而疑心太重的人，整天"杯弓蛇影""三人成虎"，疑神疑鬼，无中生有。所以作者说，人心真不是可以妄动的，必须操持好自己那颗本真之心。

佛家认为，命由己造，相由心生。世间万物，皆是化相。心不动，万物皆不动。心不变，万物皆不变。这里强调人不可妄动心念，否则，就可能不知危险就在眼前或者身后。

一二三

蛾扑火，火焦①蛾，莫谓祸生无本②；果种花，花结果，须知福至有因。

〔注释〕

①焦：烧焦。

②本：草木的根或茎干，引申为事物的根源或根基。

〔译文〕

飞蛾扑火，火把飞蛾烧焦了，不要说一切灾祸的发生没有根源；果核种下后发芽开花，花开后又结出果实，要知道任何福运的到来都是事出有因。

〔点评〕

佛家认为，世上任何事物都是因果相连的，有果必有因，因到自成果。作者在这里用“蛾扑火，火焦蛾”和“花”“果”轮回这种生活中最常见的现象来比喻祸福由来，深入浅出，形象生动，易于接受。佛教文化里的因果轮回，消极避世是其主要价值取向。但中国人强调“种瓜得瓜，种豆得豆”，因与果之间确有必然的关联。

一二四

车争险道，马骋先鞭，到败处未免噬脐[①]；粟喜堆山，金夸过斗，临行[②]时还是空手。

〔注释〕

①噬脐：自己咬自己的肚脐。比喻后悔不及。

②临行：这里指临死。古时认为人死后去了阴间，所以称临死为临行。

〔译文〕

车辆行驶在险峻的道路上还要争抢，骏马已在飞奔还要挥鞭，等到酿成灾祸，未免不自啮腹脐，追悔莫及；喜欢粟米堆积如山，夸耀黄金用斗称量，临死时还是两手空空，什么都带不走。

〔点评〕

争强好胜与贪得无厌，是人性中的两个弱点。这里以车辆行驶在险路上还要争先抢道，骏马已在飞奔还要挥鞭为喻，说明争强好胜的危险；贪婪也是一些人的本性，粮食堆成山才喜欢，夸耀自家的黄金多得用斗量，可临死时还是两手空空的。争强好胜与贪得无厌这两个人性弱点，是极难克服的，尤其是贪欲，作者在《菜根谭》里谆谆告诫人们戒贪，可以说是不厌其烦，正印证了戒除贪欲之难。

一二五

花逞春光，一番雨，一番风，催归尘土；竹坚雅操①，几朝霜，几朝雪，傲就琅玕②。

〔注释〕

①雅操：高尚的节操。

②傲就琅玕(lánggān)：高傲地与美石、嘉树比美。琅玕，古书上指像玉的美石，也指传说中的仙树。汉代张衡《四愁诗》："美人赠我琴琅玕，何以报之双玉盘。"

〔译文〕

鲜花在春光中争奇斗艳，但一番风雨过后，便飘落满地，化为尘土；竹子坚守高雅的情操，虽然历经风霜雪雨，仍能傲然挺拔，媲美琅玕。

〔点评〕

鲜花美艳，但好景不长，几番风雨过后，便是群芳凋敝、落英满地，这也恰如人世的生活，一切荣华富贵都是过眼云烟，转瞬即逝。竹子默默无闻，但节操高雅，虽历经风霜雪雨，仍能傲然挺立、坚定不移，这就像品德高尚的人，无论历经多少艰难困苦，始终都能坚守自己心中的理想。

一二六

富贵是无情之物，看得他重，他害你越大；贫贱是耐久之交，处得他好，他益你反深。故贪商於而恋金谷者，竟被一时之显戮①；乐箪瓢而甘敝缊者②，终享千载之令名③。

〔注释〕

①"故贪商於"二句：指战国楚怀王和晋石崇事。楚怀王因贪图秦国使者张仪所说的商於（wū）之地六百里，同齐国断交，导致自己客死秦国。晋朝石崇因为奢靡成风，在金谷建起天下名园，后遭人诬陷被杀。金谷，即金谷园，故址在今河南省孟州境内。

②"乐箪"句：形容甘于清贫生活，乐在其中。箪、瓢均为古代平民家盛饭、盛水的器皿。《论语·雍也》："一箪食，一瓢饮，在陋巷，人不堪其忧，回也不改其乐。"敝缊，破旧的衣服。《论语·子罕》："衣敝缊袍与衣狐貉者立，而不耻者，其由也与！"

③令名：美名。

〔译文〕

富贵是最无情义的东西，你把它看得越重，它把你害得也越狠；贫贱是可以长久交往的朋友，你和它相处得越好，它对你的益处就越大。所以人不能太贪心，当年楚怀王贪图秦国的商於之地，石崇贪恋金谷园里的富贵荣华，最后都因为贪念招来杀身之祸；而像颜回和子路那样，一顿只能吃上一箪饭，喝上一瓢水，身穿破衣烂衫仍“不改其乐”的贤人哲士，最终才能享得千年的美名。

〔点评〕

这里用楚怀王、石崇与颜回、子路等人做对比，目的还是教育人们不要贪心太重，而应该安贫乐道。楚怀王贪得秦国的六百里商於之地，结果客死秦国，石崇贪恋金谷园里的纸醉金迷，结果被杀戮，而颜回过着“一箪食，一瓢饮，在陋巷”的俭朴生活，子路则凭借着“衣敝缊袍”而与大人君子们立谈的清正，终于成就千载美名。“人为财死，鸟为食亡”是人性中的痼疾，颜回、子路之所以能“安贫”，是因为他们“乐道”，在精神层面上有着崇高的追求。

一二七

鸽恶铃而高飞，不知敛翼[①]而铃自息；人恶影而疾走[②]，不知处阴而影自灭。故愚夫徒疾走高飞，而平地反为苦海；达士知处阴敛翼，而巉岩[③]亦是坦途。

〔注释〕

①敛翼：收敛翅膀。

②人恶影而疾走：人讨厌自己的影子而快跑。《庄子·渔父》：“人有畏影恶迹而去之走者，举足愈数而迹愈多，走愈疾而影不离身，自以为尚

迟。疾走不休,绝力而死。不知处阴以休影,处静以息迹。”

③巉(chán)岩:高而险的山岩。巉,山势高险的样子

〔译文〕

鸽子厌恶铃哨声而振翅高飞,却不知道收拢起翅膀铃哨声自然就会息止;有人厌恶自己的影子而快速奔跑,却不知道待在阴暗的地方影子自然就会消失。因此愚笨的人徒劳疾走高飞,本来是平坦之地,反而成了他们的苦海;通达之士知道放低身段、收拢翅膀,即使是险峻山岩,也会变成平坦的大路。

〔点评〕

这里用鸽子不知敛翼、愚夫不知处阴来嘲笑那些不明白事情根本的人,从而告诉我们做事要循物理,不要乱折腾。同时也告诉我们两个做人的道理:一、要学会韬光养晦,收敛自己;二、要坦然面对世事,别“愚人恶影”,瞎折腾。

一二八

秋虫春鸟共畅天机[①],何必浪生悲喜;老树新花同含生意[②],胡为妄别媸妍[③]。

〔注释〕

①天机:天赋的灵性,也指大自然的奥秘。

②生意:生命力。

③妄别媸(chī)妍(yán):胡乱区分丑陋与美丽。媸,相貌丑。妍,美丽。

〔译文〕

秋虫的悲鸣，春鸟的欢唱，这都是在畅快地释放其天赋性灵，何必因之而轻易生出悲喜之情？苍老的树木，新生的花朵，同样饱含着它们所具备的生命力，何必随意去判别谁丑谁美？

〔点评〕

中国传统文化中，伤春、悲秋是一种最常见的文化现象。春来万物萌发，却叹韶华易逝；秋到满目肃杀，更觉人生苦短。古人之所以伤春悲秋，是把自己的人生遭际与自然物候的变化互相观照而带来的情感反应。而作者却认为：秋虫春鸟，都是在自由抒发造物主赋予它们的灵性，老树新花，都是在展示大自然赋予它们的生命力，本来不需要悲喜，也无美丑之分，是古人多愁善感了。

一二九

多栽桃李少栽荆[①]，便是开条福路；不积诗书偏积玉，还如筑个祸基[②]。

〔注释〕

①荆：荆条，一种带刺的灌木。

②祸基：祸根。

〔译文〕

多种些桃树李树，少栽些荆棘，便是为自己开辟了一条致福之路;不去积累学识熟读诗书,却偏偏积累金玉珠宝,还不是筑造了招致灾祸的基础。

〔点评〕

多读圣贤之书,多栽桃李,多行善举,自然就是为自己开辟了一条福路;不读诗书,积累财宝,损人利己,其实是为自己打下了致祸的根基。这两种不同的处世之道,不同的人有不同的选择,而最终的福与祸,都是自己造成的。

一三〇

习伪智,矫性徇时[①];损天真,取世资考[②],至人所弗为也。

〔注释〕

①矫性徇时:改变本性,顺从世俗潮流。

②取世资考:采纳世俗之见,作为取舍自己意见的参考,即曲意顺从。

〔译文〕

学习虚假的知识,改变自己的性情,来顺应庸俗的时俗潮流;损伤善良质朴的本性,采纳世俗之见,作为自己意见的参考以曲意顺从。这都是品德高尚的人所不屑于做的事情。

〔点评〕

有些看似新潮的东西,其实是“伪智”,不必盲目地去学习,更不应该以改变自己的真性情为代价去追随时俗潮流。人们确实要顺应时代潮流的发展,但千万不要附庸世俗之风,有见地、有智慧的人能够看穿"伪智",也能够洞察时势的发展,所以,不能轻易改变自己的本性。

一三一

万境一辙,原无地著个穷通①;万物一体,原无处分个彼我。世人迷真逐妄②,乃向坦途上自设一坷坎,从空洞中自筑一藩篱③。良足慨哉!

〔注释〕

①穷通:原意是贫困与显达。这里指弄明白世上所有道理。《庄子·让王》:"古之得道者,穷亦乐,通亦乐,所乐非穷通也。"

②迷真逐妄:迷真,对真理暗昧不解。逐妄,追逐虚幻、空妄的事物。

③藩篱:篱笆墙。

〔译文〕

世上许多现象都如出一辙,原本没办法全部弄个明明白白;万事万物连在一起,原本就没有办法分个你是我非。但有些人不懂这些道理,他们对真理暗昧不解,反而去追求虚幻空妄的东西,就像是在本来很平坦的大道上自己为自己设了一道障碍,在本来宽敞空旷的地方筑了一道围栅。这样自寻烦恼,足以让人很好地慨叹一番。

〔点评〕

这里发挥的是老庄的思想。强调人世间本无是非,一切事都应该顺从其自然规律。人们无须学习知识、无须有任何作为,否则都是自寻烦恼、作茧自缚。其实,这都是缘于对社会不满的一通牢骚。

一三二

大聪明的人，小事必朦胧；大懵懂[①]的人，小事必伺察[②]。盖伺察乃懵懂之根，而朦胧正聪明之窟也。

〔注释〕

①懵（měng）懂：糊涂。上文的“朦胧”也是指糊涂。

②伺察：探察得很深刻。

〔译文〕

真正聪明的人，在小事情上必定稀里糊涂；真正糊涂的人，在小事情上必定清清楚楚。大概在小事上太清楚，是导致大事上糊涂的根源；而小事上稀里糊涂，是能够在大事上明明白白的穴窟。

〔点评〕

做人处事，有的人“小事清楚，大事糊涂”，有的人“小事糊涂，大事清楚”，这种看似处事方式的不同，实则是境界高低的不同。小聪明的人在小事上斤斤计较，明察秋毫，却看不见事物发展变化的规律和大势，而越是这样，越容易造成他们的目光更加短浅；真正有智慧的人不拘泥于小事，不在鸡毛蒜皮的小事上耗费精力，所以在大势上才能看得清、把得准，放下小事，也能让他们更有精力关注大事。

一三三

大烈鸿猷[①],常出悠闲镇定之士,不必忙忙;休征景福[②],多集宽洪长厚之家,何须琐琐[③]。

〔注释〕

①大烈鸿猷(yóu):大烈,伟大业绩。鸿猷,重大谋划。

②休征景福:休征,吉兆。景福,大福。

③琐琐:细小卑微的事情。

〔译文〕

伟大的功业和重大的谋划,常常出于从容悠闲、镇定自若的人士,没必要总是匆匆忙忙;吉祥的兆头和洪大的福贵,大多聚集在心胸宽阔、待人宽厚的人家,何必在那些琐屑小事上过于计较。

〔点评〕

只有泰然自若、气定神闲,方能做成大事情。要说"气定神闲",东晋宰相谢安可以说是这方面的典型。383年,前秦王苻坚统领号称百万大军进攻东晋,东晋宰相谢安派侄子谢石、谢玄分别任元帅和先锋,在淮河一带迎敌决战。但是由于兵力过于悬殊(东晋军只有不到八万人),整个东晋朝野震动,惶惶不安。结果出人意料,东晋军以少胜多,在淝水一战大获全胜。谢石用最快的速度把喜讯传回都城建康,当时谢安正与客人下棋,看完捷报,谢安默默无语,继续下棋。客人惶恐地问前方战事,然而,一次决定国家命运的战役取胜之后，谢安只轻轻说了句“小儿辈大破贼”然后继续下棋，“意色举止不异于前”。这就是“每临大事有静气”。

一三四

贫士肯济人，才是性天[1]中惠泽；闹场能学道，方为心地上工夫[2]。

〔注释〕

①性天：天性，天赋予人的本性。《礼记·中庸》：“天命之谓性。”

②心地：佛教用语。指心，即思想、意念等。佛教认为三界（欲界、色界、无色界）唯心，心能生出一切事物和现象，如同地能生长万物，故称心为心地。

〔译文〕

贫穷的人却愿意救济他人，才是得自天性的恩泽；热闹场中却能够潜心修道，才是思想修养上的真功夫。

〔点评〕

对于富贵人家来说，接济一下别人可能算不了什么事情，但“贫士肯济人”，这就是出自天性的善良了，这种上天所赋予的本性的善良，才是最值得人们珍惜的。能在热闹场中潜心于修身研道，闹中取静，都是功夫精到之人，有这样肥沃的“心地”，一定会结出丰硕的人生之果。

一三五

人生只为“欲”字所累，便如马如牛，听人羁络[①]；为鹰为犬，任物鞭笞。若果一念清明，淡然无欲，天地也不能转动我，鬼神也不能役使我，况一切区区事物乎！

〔注释〕

①羁(jī)络：用笼头套上，引为拘束、束缚。

〔译文〕

人生要是只被“欲”字牵累，便如马如牛，听任别人控制役使，如鹰如犬，听任别人鞭打杖击。假若有一个清楚明白的念头，淡泊名利，无欲无求，则天地也不能转动我的心志，鬼神也不能役使我的身体，何况一切微不足道的事物呢！

〔点评〕

这里说的是应该怎样面对“欲”。人不可能没有欲，但如果为欲所累，被欲所困，那就只能“如马如牛”“为鹰为犬”，成为欲的奴隶。在欲望面前，如果有一个清醒明白的认识，就能看破一切让心灵迷失的事情，放下对欲望的执着，获得自由。人的生命有限，保持心灵的淡泊与坦然，做好自己所从事的工作，享一份恬淡宁静的生活，便是诗意人生。

一三六

贪得者，身富而心贫；知足者，身贫而心富；居高者[①]，形逸[②]而神劳；处下者，形劳而神逸。孰[③]得孰失，孰幻孰真，达人当自辨之。

〔注释〕

①居高者：指在朝廷做官的人。北宋范仲淹《岳阳楼记》："居庙堂之高，则忧其民；处江湖之远，则忧其君。"

②逸（yì）：安闲，安乐。

③孰：谁、哪个。

〔译文〕

贪图财富的人，虽然物质生活上很富裕，但精神上空虚、贫乏；知足常乐的人，虽然物质生活贫困一些，但是精神世界很充实；身居高位的人，看似外表潇洒安逸，实则心神劳累；地位低下的人，虽然身体劳苦不堪，但精神上安逸、舒畅。两相比较，谁得到的多，谁失去的多，哪一个虚幻，哪一个真实，通达世理的人应当自己分辨清楚。

〔点评〕

"贪得者"与"知足者"，"居高者"与"处下者"，这两组人在财富、地位方面相差悬殊，但究竟孰得孰失、孰幻孰真？贪得者物质富裕但精神空虚，知足者物质财富贫乏但精神充实；居高者身体安逸但心神劳累，处下者身体劳累但心神安逸。究竟孰得孰失、孰幻孰真，作者并未给出答案，而是让"达人自辨"，但是人们不难感觉到，作者的褒贬然否，已在其中了。

一三七

众人以顺境为乐，而君子乐自逆境中来；众人以拂意[1]为忧，而君子忧从快意处起。盖众人忧乐以情，而君子忧乐以理也。

〔注释〕

①拂意：与自己的意愿相违背。

〔译文〕

一般人都把人生的顺利作为快乐，然而有学识有道德的人，他们的快乐来自逆境中；一般人把违背自己心愿作为烦忧，而有道德、有修养的人，他们的忧虑从快乐处产生。这是因为，一般人的忧乐受感情支配，而有道德、有修养的人的忧乐是从理智出发的。

〔点评〕

"众人"与"君子"，都有自己的忧与乐，但产生忧、乐的缘由不同。一般人因为处在顺境中感到开心，而有见识的人快乐却从逆境中来；一般人都因为违背心意而忧虑，而有见识的人忧虑，却常常来自称心如意的时候，因为他们善于发现其中令人担忧的苗头。所以说，一般的人喜怒哀乐来自情绪，而君子的喜怒哀乐来自理性的认知。说到这里，很自然地想起了那句格言："生于忧患，死于安乐。"

一三八

谢豹覆面[1]，犹知自愧；唐鼠易肠[2]，犹知自悔。盖愧悔二字，乃吾人去恶迁善之门，起死回生之路也。人生若无此念头，便是既死之寒灰，已枯之槁木矣，何处讨些生理[3]？

〔注释〕

①谢豹覆面:谢豹,传说中的一种虫子。见人便两足交覆首如羞状。

②唐鼠易肠:唐鼠,传说中的一种鼠,又名易肠鼠,一月三次吐肠。唐欧阳询《艺文类聚》卷九五引《梁州记》:“婿水北婿乡山,山有易肠鼠,一月三吐易其肠。所谓唐鼠者也。”

③生理:生存的道理。

〔译文〕

谢豹见人后用两足捂面,还知道自己惭愧;唐鼠一月之内三吐其肠,还知道自己后悔。“愧”和“悔”这两个字,是我们这些人去除假恶丑、接近真善美的大门,是使人改正邪恶,保持纯洁人性的通路。人生在世,要是没有愧悔的念头,那就像一堆即将熄灭的灰烬、已经干枯了的朽木啊,哪里还有它起死回生的道理呢?

〔点评〕

本条是谈做人要有羞愧之心、悔悟之意。古人说“知耻近乎勇”,原因就在于,羞愧之心源自严格的道德自律和强烈的思想内省,唯有知耻、知愧、知悔,才能使人懂得自爱、自尊、自重,并使人自省、自律、自强。这种由严格的道德自律所产生的羞耻感,是人们完善自身的动力,通过经常反省、改正缺失,使自己的言行合乎情理、人格日臻完善。传统的儒家思想非常看重人的知耻羞愧之心:孟子说“无羞恶之心,非人也”;荀子说“人不知羞耻,乃不能成人”;明末思想家顾炎武说“士而不先言耻,则为无本之人”,都是强调“知耻”的重要性。

一三九

异宝奇琛①,俱是必争之器;瑰节琦行②,多冒不祥之名。总不若寻常历履易简行藏③,可以完天地浑噩④之真,享民物和平之福。

〔注释〕

①琛(chēn):珍宝。

②瑰节琦行:美玉般的节操,高尚的行为。瑰、琦,都是指美玉。

③易简行藏:易简,平易简单。行藏,指出处或行止不为人所知。《论语·述而》:"子谓颜渊曰:'用之则行,舍之则藏,惟我与尔有是夫。'"

④浑噩:浑厚质朴、严肃正大的样子。

〔译文〕

异样之宝、奇特之珍,都是人们必然争抢的器物;美玉般的节操和行为,多会招来不祥的名声。总不如经历平平常常、行止简单、普通,不为人知的好,可以保全浑厚质朴的真性,享受安居乐业、万物祥和的平和之福。

〔点评〕

"异宝奇琛"会引来觊觎、争夺,以致带来灾祸,这个道理容易理解。而"瑰节琦行,多冒不祥之名"就有些让人费解,美好的节操品行怎么会"冒不祥之名"?其实这只是作者借以谈论立身涉世原则的引言。作者主张"寻常历履易简行藏",不追求标新立异、超群出众、轰轰烈烈,认为只有这样才可以"完天地浑噩之真,享民物和平之福",既可以远离伤害,又可以保持一个普通百姓的操行。

一四〇

福善不在杳冥[①]，即在食息起居处牖[②]其衷；祸淫不在幽渺[③]，即在动静语默[④]间夺其魄。可见人之精爽[⑤]常通于天，天之威命即寓于人，天人岂相远哉！

〔注释〕

①福善不在杳冥：福善，赐福于善良的人。杳（yǎo）冥，辽远无际之处。

②牖（yǒu）：窗户。这里引申为开导，使人明白。

③祸淫不在幽渺：祸淫，淫逸过度，则天降之以祸。幽渺，昏暗深远。

④动静语默：行动、静止、说话、沉默，人的四种行为状态。《周易·系辞上》："君子之道，或出或处，或默或语。"

⑤精爽：精神、灵魂。

〔译文〕

上天赐福给纯朴善良的人，并不在辽远无际之处，而是在饮食起居的日常生活中启迪人们向善的心；上天降祸给骄奢淫逸的人，并不在昏暗深远之处，而是在一动一静、言语沉默之间使其意乱神迷。可见人的精神总是与上天相通，上天的权威就寓在人的身上，天与人相距难道遥远吗？

〔点评〕

古人认为，在人的感知不可触及的地方，有一种神秘力量在监视着人的一举一动，就是"天"。"天"无所不在，无所不知，无所不能,“天”要想赐福祉或降灾祸于人,人只能被动接受。而作者则认为,人与天之间的距离并不远,“人之精爽常通于天,天之威命即寓于人”,祸福之别,只在于人们饮食起居、言谈举止等日常生活的积累之中,是自身行为由量变到质变的结果。这里强调的是,人的日常言谈举止,是福与祸的积累。

闲 适

（一四一～一九〇）

一四一

昼闲人寂，听数声鸟语悠扬，不觉耳根尽彻[1]；夜静天高，看一片云光舒卷，顿令眼界俱空。

〔注释〕

①耳根尽彻：耳根，佛教用语。佛教以耳为六根（眼、耳、鼻、舌、身、意）之一，故名听觉为耳根。彻，通达。《庄子·外物》："目彻为明，耳彻为聪。"

〔译文〕

白日清闲，人声寂静，到大自然中听几声鸟儿悠扬婉转的鸣唱，不知不觉耳根就彻底清静，心灵也得以净化；夜深人静，天空高远，伫立庭院中看朵朵白云在天空舒卷变幻，顿时令人眼界高远，心旷神怡。

〔点评〕

昼闲听鸟语悠扬，夜静看云光舒卷，作者描述的是一种悠闲恬淡的生活。其实，人不能总是忙忙碌碌，享受轻松悠闲也应该是生活的重要内容,孔夫子在“志于道、依于仁”的同时,也不忘“游于艺”。适度地闲下来,不仅仅是让我们的身体得到调整放松,而更重要的是应该利用休闲放松的时机好好审视、调整自己,不要违背了生命的本来意义。

一四二

世事如棋局,不着①的才是高手;人生似瓦盆,打破了方见真空②。

〔注释〕

①着(zhāo):下棋落子。

②真空:佛教用语。佛教认为一切事物和现象都是虚幻的,因此把脱离一切尘世羁绊称为真空,亦即涅槃境界。

〔译文〕

世间之事犹如棋局,观棋而不着子的人才是高手;人的一生好似瓦盆,等到打破了,方能见到真的境界。

〔点评〕

“世事如棋局”,这是古人惯用的比喻。人们应对世事,就像面对棋盘的弈者,思维容易陷在棋局之内,对表面的利害得失考虑过多,看问题反而糊涂;冷眼旁观者则能跳出棋局,摆脱眼前利害得失的困扰,从而对形势做出客观理性的判断,往往这才是真正的高手。这就是俗话说的“当局者迷,旁观者清”的道理。瓦盆是空的,正如人生是空寂、虚幻的一样。瓦盆打破,犹如人生被看破一样,这里面多了佛家“空”的观念。

一四三

龙可豢非真龙[①],虎可搏非真虎。故爵禄可饵[②]荣进之辈,必不可笼淡然无欲之人;鼎镬可及宠利之流[③],必不可加飘然远引[④]之士。

〔注释〕

①豢(huàn):饲养牲畜。比喻收买利用。

②饵:诱饵。这里指引诱。

③鼎镬(huò):鼎和镬,古代两种烹饪器,也是古代的酷刑,用鼎镬烹人。

④远引:远离功名利禄而引退。

〔译文〕

龙可以被人豢养那就不是真龙,虎可以靠搏击捕获那就不是真虎。所以,官爵俸禄可以引诱希图荣升高位之辈,绝不可能笼络淡泊名利、无欲无求之人;鼎镬之刑可能施及贪图恩宠、利禄之流,绝不可能加于超脱尘世、远离名利的高士。

〔点评〕

这里表现了作者远离权势利禄就是远离灾祸的思想。作者认为:功名利禄可以引诱希图荣升高位获得荣耀的人,但对于那些淡泊名利、无欲无求之人却没有什么效果,那些曾经荣华富贵、恩宠有加的人,说不定哪天就会遭受鼎镬之刑,而这样的酷刑却不可能用到一个远离名利、远离尘世的人身上。这里强调人们必须看透爵禄荣进,不可执迷,否则,便有祸事相随。

一四四

一场闲富贵，狠狠争来，虽得还是失；百岁好光阴，忙忙过了，纵寿亦为夭①。

〔注释〕

①夭：夭折，未成年而死。这里指生命短。

〔译文〕

一场无关紧要的富贵，拼尽全力挣了过来，虽然得到了，实际还是失去了更为宝贵的东西；人活百岁大好光阴，如果只在忙忙碌碌中度过了，纵然是长寿，实际上还是等于短命而死。

〔点评〕

这里在强调人生的本初意义，亦即初心。人生本不为富贵而来，亦不应忙碌而过。作者推崇的是在“不争”中保持自我，在“悠闲”中品味生活，这确实是一种值得肯定的生活态度。

一四五

高车嫌地僻①，不如鱼鸟解亲人。驷马②喜门高，怎似莺花能避俗。

〔注释〕

①高车嫌地僻：高车，高大华丽的车。僻，偏僻，不利行车。

②驷马：四匹马拉的车，代指高官乘坐的车。

〔译文〕

乘坐高车的显贵们，嫌弃隐居荒僻之地的贤士，还不如养一些鱼鸟懂得与人亲近；四匹马拉的官车，喜欢奔走于高门官宦人家，哪如莺歌花妍的自然风光能陶冶情操、远离世俗？

〔点评〕

虽然“高车”“驷马”很显赫，但它们与地处偏僻的隐士并不亲近，也没有关联。然而，乘“高车”驱“驷马”的富贵达人，还是缺少了亲近鱼鸟、雅赏莺歌的人生之趣。这里表现的是山林之士鄙视世俗富贵的心理。

一四六

红烛烧残，万念自然厌冷；黄粱梦破①，一身亦似云浮。

〔注释〕

①黄粱梦破：唐沈既济《枕中记》：卢生在邯郸客店遇道士吕翁，生自叹穷困，翁探囊中枕授之曰：枕此当令子荣适如意。时主人正蒸黄粱（黄小米）。生于枕上梦中，享尽荣华富贵，醒时，小米饭还没熟。怪曰：“它其梦寐耶？”翁笑曰：“人世之事亦就是矣。”卢生顿悟。后便以黄粱梦比喻虚幻的事和不能实现的欲望，也用来比喻富贵荣华转瞬即逝，终归虚妄。

〔译文〕

红烛烧到残灭，万般念头自然变得厌倦冷淡；黄粱美梦破碎，整个身躯也都感觉轻似浮云。

〔点评〕

红烛通常燃于喜庆场合,红烛照耀下,往往是青春迸发,爱情升腾;红烛烧残成灰,意味着青春已逝,爱情不再,万般念头都归于寂冷。黄粱梦象征士子们对仕途的期望,经历宦海沉浮之后,黄粱梦破,只剩下那种看世间万物皆轻似浮云的淡然。这里颇有繁华过后,一切如过眼云烟的叹世之慨。

一四七

千载奇逢①,无如好书良友;一生清福,只在碗茗炉烟。

〔注释〕

①奇逢:意外奇特的相逢或遇合。

〔译文〕

千载难逢的奇遇,不如读一本好书、交一位良友;一生的清闲之福,只在品一碗清茶、焚一炉轻烟。

〔点评〕

一碗茶,一炉香,一本好书,一位良友,作者所描绘的是旧时文人雅士最平常的生活。而作者却把这种平常看作"一生清福",认为胜过"千载奇逢",这就不是一般人所能企及的境界了。其实,对于普通人来说,这种素雅与闲适,又何尝不是生活之福?

一四八

蓬茅下诵诗读书，日日与圣贤晤语，谁云贫是病？樽罍边幕天席地[①]，时时共造化氤氲[②]，孰谓醉非禅[③]？

〔注释〕

①樽罍边幕天席地：樽罍（léi），古时两种盛酒的器具。幕天席地，以天为幕、以地为席。形容行为放旷。晋刘伶《酒德颂》："行无辙迹，居无室庐，幕天席地，纵意所如。"

②造化氤氲（yīnyūn）：造化，这里指大自然。氤氲，中国古代哲学术语，本义指阴阳二气交会和合之状，此处指阴阳二气的聚散变化，万物由相互作用而变化生长。

③禅：佛教用语。原指静坐默念，引申为禅理、禅法、禅学，这里指静坐敛心，无杂念。

〔译文〕

在蓬舍茅屋下诵诗读书，就像每天都与圣哲先贤会面交谈，谁能说贫穷是一种人生之病？酒席上举杯畅饮，天为幕地为席，时时刻刻与大自然气息相通，谁能说酒酣微醺不是禅宗境界？

〔点评〕

这里作者描绘了士子们的两种生活：蓬茅下诵读诗书，幕天席地畅饮酒。诵读诗书，就是每天都与圣哲先贤会面交谈，虽居茅屋，也是人生享受；开怀畅饮，幕天席地，时刻保持与大自然息息相通，酒虽微醺，也是修禅。这种生活方式，体现了古代社会所谓的名士风度，其实这是士子们内心矛盾的折射。一方面，他们希望建功立业，希望在经邦济世的社会实践中施展自己的人生抱负；另一方面，在仕途幻灭后他们往往归隐山林，纵酒放诞，表现出对世俗权贵的蔑视。当然，不论任何原因、任何时候，“蓬茅下诵诗读书”都是值得推崇的。

一四九

兴来醉倒落花前，天地即为衾枕；机息坐忘[1]盘石上，古今尽属蜉蝣[2]。

〔注释〕

①机息坐忘：机息，忘却名利得失机心止息。坐忘，道家谓物我两忘、与道合一的精神境界。《庄子·大宗师》：“堕肢体，黜聪明，离形去知，同于大通，此谓坐忘。”

②蜉蝣(fúyóu)：一种小昆虫。生存期很短，最长的不过一周，一般朝生夕死，古人常用以比喻生命短暂，也用来比喻微小的生命。

〔译文〕

兴致来时，醉倒在落花之前，把天地当成被子和枕头；机心止息，坐在大石头上物我两忘，古今之事全都如蜉蝣般微不足道。

〔点评〕

兴致来时，在落花前醉倒，天当被子，地当枕头，或者坐在石头上，什么念头都忘却。因为人生太短暂了，无须劳碌自己。这的确是一种忘我达道的人生。然而，细品此语，也隐藏着古代士子的一种失意的愤激。

一五〇

昂藏[1]老鹤虽饥，饮啄犹闲，肯同鸡鹜之营营[2]而竞食？偃蹇[3]寒松纵老，丰标自在，岂似桃李之灼灼[4]而争妍？

〔注释〕

①昂藏：气度不凡的样子。

②鸡鹜（wù）之营营：鹜，鸭子。营营，来来往往的样子，也指奔走钻营的样子。鲍照《行药至城东桥》："扰扰游宦子，营营市井人。"

③偃蹇（jiǎn）：弯曲。《楚辞·招隐士》："桂树丛生兮山之幽，偃蹇连蜷兮枝相缭。"

④灼灼：鲜明的样子。《诗经·周南·桃夭》："桃之夭夭，灼灼其华。"

〔译文〕

气宇轩昂的老鹤虽然饥饿，饮水啄食依然从容安闲，怎肯像鸡鸭那样，来往奔跑争抢食物？挺拔倔强的寒松纵然苍老，但风姿仪态依然还在，哪里会像桃花、李子花那样明媚耀眼，竞芳争妍？

〔点评〕

此处作者是在以老鹤、寒松自喻。仕途坎坷，世态炎凉，生活困顿，隐居僻壤，像英雄落魄，如壮士潦倒，但英雄、壮士即便是沦落，也不沉沦，他们依然气度犹在，豪情不减。像老鹤，即便饥饿难耐，也不失高贵典雅，一饮一啄，气定神闲，绝不会像鸡鸭那样争抢食物；似寒松，纵然衰老枯病，但曾经高耸挺拔的姿态仍在,岂肯像桃花、李子花那样去媚俗争艳。这就是饱读诗书形成的修养,这就是所谓的人格与气度。

一五一

吾人适志于花柳烂漫之时,得趣于笙歌[1]腾沸之处,乃是造化[2]之幻境,人心之荡念也。须从木落草枯之后,向声希味淡之中,觅得一些消息[3],才是乾坤的橐龠[4]、人物的根宗[5]。

〔注释〕

①笙歌:合笙之歌,亦谓吹笙唱歌。泛指奏乐、唱歌。

②造化:大自然。

③消息:一消一长、互为更替的道理。

④橐龠(tuóyuè):古代冶炼时用以鼓风吹火的器具,就像现在的风箱。橐是鼓风器,龠是送风管。喻为动力、源泉。

⑤根宗:最根本的宗旨和指导原则。

〔译文〕

我辈在花柳烂漫、春光明媚之时舒适自得,在笙歌曼舞、人声喧腾之处获得乐趣,其实这些只不过是大自然转瞬即逝的幻境,是人心中放纵的念头。必须等到树木落叶、百草枯萎之后,向声音沉寂、滋味寡淡之中,寻觅一些万物生息规律,那才是天与地的本源、人与物的本宗。

〔点评〕

花红柳绿、春光明艳的季节,轻歌曼舞、人声喧嚣的场所,总是为人们所喜欢，但是，这些浮华都将转瞬即逝，沉溺其中，则为俗情物欲所累。人生的真知，自然万物的生息规律，必须从“木落草枯”的萧瑟之境、向“声希味淡”的冷清之中去寻觅。这里强调人生不要过分追求一些感官的刺激与享受，应于人生浮华之中，静思涵咏，寻悟人生的至理。诸葛亮的《诫子书》里说：“非淡泊无以明志，非宁静无以致远。”

一五二

静处观人事，即伊吕之勋庸、夷齐之节义①，无非大海浮沤②。闲中玩物情，虽木石之偏枯、鹿豕之顽蠢，总是吾性真如③。

〔注释〕

①“即伊吕”句：伊吕，伊尹、吕尚（姜太公）分别是商朝和周朝的开国元勋。勋庸，功勋、功劳。夷齐，伯夷和叔齐，商孤竹君的两个儿子，为避当继承人，两人先后逃到周，后谏阻周武王伐纣不成，于武王灭商后耻食周粟而逃到首阳山，采薇而食，饿死在山里。后人常以伯夷和叔齐二人为高尚操守的典型。

②浮沤：水面的泡沫。

③真如：佛教用语。指永恒常在的人的本性。

〔译文〕

在心平气和的时候观察人间世事，即便是伊尹、吕尚那样的功勋业绩，伯夷、叔齐那样的节操义气，也无非就像大海中的泡沫一样。在悠闲自在中玩味一切事物的情态，虽然树木、石头有枯枝残缺，野鹿、家猪顽劣愚笨，但这毕竟都是它们与生俱来的本性。

〔点评〕

作者所发表的这些议论，还是劝诫人们要淡化追逐功名之心，去大自然中体味天地万物的本性。像伊尹、吕尚那样辅佐君王一统天下，如伯夷、叔齐那样耻食周粟的高尚，这些所谓名垂千古的功勋与气节，较之于大自然来说，都像大海里的泡沫一样转瞬即逝。正如后人词里吟咏的那样："是非成败转头空，古今多少事，都付笑谈中。"当然，这里面也有一些历史虚无主义思想。

一五三

花开花谢春不管，拂意事休对人言；水暖水寒鱼自知，会心[1]处还期独赏。

〔注释〕

①会心：领悟、领会。刘义庆《世说新语·言语》："简文入华林园，顾谓左右曰：'会心处不必在远，翳然林水，便自有濠濮间想也。'"

〔译文〕

花谢花开，春天并不理会，所以遇到不如意事，不要向他人说起；水暖水寒，游鱼自己知道，所以遇到心动的美景，还是独自欣赏为好。

〔点评〕

自己的喜怒哀乐，别人并不那么在意，就像春天并不在意花开花落一样,一些不如意的事还是不要对别人诉说为好;历经世态炎凉,只有自己心里明白,就像水暖水寒只有鱼儿自己知道那样,一些心领神会的东西还是应该自己独自欣赏、品味。作者这里是说,人生不如意事,并不都需要对别人倾诉,世间的美好景色,有时自己能心领神会就好。

一五四

闲观扑纸蝇①,笑痴人自生障碍②;静觇竞巢鹊③,叹杰士空逞英雄。

〔注释〕

①扑纸蝇:扑向捕蝇纸的苍蝇。

②障碍:佛教用语。也简称障,即烦恼。烦恼能阻碍人们达到涅槃境界,故名障碍。

③静觇(chān)竞巢鹊:鸤鸠自己不筑巢,而是占据喜鹊所筑的巢。觇,窥视、观看。竞巢鹊:竞相筑巢之鹊。《诗经·召南·鹊巢》:"维鹊有巢,维鸠居之。"

〔译文〕

闲暇的时候观察一下那些扑向捕蝇纸的苍蝇,就像世上一些痴人,自己障碍了自己判断是非的能力;冷静观察喜鹊竞相筑巢,所筑巢穴反而被鸤鸠占去,就像那些英雄豪杰白白建功立业一样。

〔点评〕

苍蝇扑向捕蝇纸,是因为贪图捕蝇纸的那点儿甜味,人之所以“自生障碍”，也是因为贪欲，被贪欲控制住了，人就会看不到方向，分不清利害，就像那些奋不顾身地扑向捕蝇纸的苍蝇那样。喜鹊竞相筑巢，忙忙碌碌，辛辛苦苦，筑好的巢穴最终却让鸤鸠抢去，这就像那些豪杰英雄，总想着建功立业、施展抱负，但所建功业最终为他人所窃取，空逞英雄一场。作者是想告诉人们，人生不要有贪欲，也不要太痴心。

一五五

看破有尽身躯，万境之尘缘自息；悟人无怀①境界，一轮之心月独明②。

〔注释〕

①无怀：内心无所牵念、羁绊。一说为无怀氏，传说中的上古帝王名。

②心月独明：《菩提心论》：“照见本心，湛然清净，犹如满月。”

〔译文〕

如果能看破有限的生命，世间功名利禄、万事万物的尘俗欲念自然就会止息；如果能领悟并进入无所牵念的精神境界，那就像心中升起一轮明月，就再也不会迷失本性了。

〔点评〕

这里强调的是静以养身的道理。人生苦短，如果再有无穷的欲念，贪图人生的各种享受，是难以体会从容淡定、笑看人生的至高之境的。月映万川，物我两忘，得意而忘言，是佛道两家共同追求的化境。当然，儒家审美理想中的“平淡”也与此同理。

一五六

木床石枕冷家风[①]，拥衾时魂梦亦爽；麦饭豆羹淡滋味，放箸处齿颊犹香。

〔注释〕

①冷家风：冷风吹进家中。犹言门窗破损。

〔译文〕

睡着木床，枕着石枕，冷风吹进家中，却一样拥着被子安然入睡，梦魂中照样十分爽快；磨麦做饭，煮豆为羹，滋味虽然清淡，可是放下筷子，唇齿间仍然满口生香。

〔点评〕

这里说朴素平淡的生活才是至真至美的，才是最让人感到踏实安然的。其实，并不是每一个人的人生都故事跌宕，素朴、淡然也一直是大多数人的梦想。苏轼的《浣溪沙》这样写道："细雨斜风作晓寒，淡烟疏柳媚晴滩。入淮清洛渐漫漫。雪沫乳花浮午盏，蓼茸蒿笋试春盘。人间有味是清欢。"

一五七

谈纷华[①]而厌者，或见纷华而喜；语淡泊而欣者，或处淡泊而厌。须扫除浓淡之见，灭却欣厌之情，才可以忘纷华而甘淡泊也。

〔注释〕

①纷华：繁华富丽、荣耀。

〔译文〕

谈起繁华富丽就厌恶的人，或许真的见到繁华富丽却欢欣喜悦；说到恬淡清贫就欣然向往的人，或许真的过上恬淡清贫的生活就嫌弃憎恶。必须把心中对于浓艳淡泊的见解清除干净，把欣喜厌恶的情感彻底消灭，才可以真正忘却繁华富丽，而甘于恬淡清贫。

〔点评〕

这里强调让人们摒弃虚伪、恪守本心。孔子说过："富与贵，是人之所欲也；不以其道得之，不处也。贫与贱，是人之所恶也；不以其道得之，不去也。"（《论语·里仁》）圣人有时也不排斥人们对富贵的向往和对贫贱的嫌恶，但重要的是得之以道，去之以理，作者在这里是讥讽那些内心里对富丽繁华的期盼可能十分强烈，却整天标榜淡泊名利、自命清高的人，实际上很可能根本耐不住清贫与寂寞。

一五八

鸟惊心，花溅泪①，怀此热肝肠，如何领取得冷风月？山写照，水传神②，识吾真面目，方可摆脱得幻乾坤③。

〔注释〕

①"鸟惊心"二句：杜甫《春望》："感时花溅泪，恨别鸟惊心。"

②“山写照”二句：摹山之神韵，传水之精神。《晋书·顾恺之传》：“恺之善丹青，每画人物成，或数年不点目睛。人问其故，答曰：‘四体妍媸，本无关于妙处；传神写照，正在阿堵中。’”写照、传神，谓摹其神韵、传其精神。本指画人物，后世推及于山水诸方面。此处是说，让山水成为人品的写照和传神。

③幻乾坤：佛家指人世是虚幻世界。

〔译文〕

听到鸟啼就惊心，看到落花就流泪，怀着这样一副火热肝肠，如何能够领略清风冷月的景象？画出山川的形象，描摹流水的精神，在青山绿水中认清我们本来的面貌，才能够摆脱虚幻世界的种种牵绊。

〔点评〕

“感时花溅泪，恨别鸟惊心”，是安史之乱时杜甫对国家破败的真切感受，表现的是“诗圣”杜甫悲天悯人的赤子情怀。而作者在这里却是反其意而用之：怀有这样一副热切的肝胆心肠，怎么能够领略仕途之外的清风冷月？这里作者看重的是寄情山水，是摆脱尘俗世界的种种羁绊，在青山绿水中认清、寄托自己。热情地关注社会与冷静地观照山水，本来并非不可兼容。

一五九

富贵得一世宠荣，到死时反增了一个恋字，如负重担；贫贱得一世清苦，到死时反脱了一个厌字，如释重枷①。人诚想念到此，当急回贪恋之首而猛舒愁苦之眉矣。

〔注释〕

①如释重枷：释，放下、消除。枷，旧时用木板制成，套在囚犯脖子上防止其逃跑或反抗的戒具。

〔译文〕

富贵的人一生骄纵荣耀，到死的时候反而增加了对人世的眷恋，就像挑着一副沉重的担子告别人生；贫穷低下的人一生受尽清苦，到死的时候反而摆脱了对尘世的厌倦，就像打开了套在身上的枷锁一样轻松。人如果真的能想到这些，应当赶快回过头来，戒除贪恋之心，赶紧舒展因穷困而蹙起的愁苦之眉。

〔点评〕

富贵也好，贫贱也罢，富贵者与贫贱者最终的归宿都是要走向死亡。怀着对富贵的不舍以及对贫贱的排斥两种不同态度结束此生的人，必将会换来来生再堕入轮回的命运。佛教认为，人生的执念必将导致来世的不能超脱。相比而言，“猛舒愁苦之眉”或能不再为来世积聚业障。

一六〇

人之有生也，如太仓之粒米[①]，如灼目之电光，如悬崖之朽木，如逝海[②]之巨波。知此者如何不悲？如何不乐？如何看他不破，而怀贪生之虑？如何看他不重，而贻[③]虚生之羞？

〔注释〕

①太仓之粒米：大粮仓中的一粒小米，比喻渺小。太仓，京城储粮的

仓库。粒米,也作稊(tí)米,即小米。《庄子·秋水》:"计中国之在海内,不似稊米之在太仓乎?"

②逝海:流向大海。

③贻:留下、遗留。

〔译文〕

人的生命,如同太仓里的一粒小米,如同耀人眼目的一道闪电,如同悬崖边上的一株枯木,如同奔流入海的一波巨浪。明白这个道理的人,如何能不悲伤?如何能不快乐?为什么还不能看破人生,仍然怀着贪生怕死的念头?为什么还不能看重生命的价值,而留下虚度此生的羞惭?

〔点评〕

生命有时看起来渺小、短暂,经不得风雨,但它终究会归入历史。所以,人们既可以为此而悲伤,也应该为此而释然。在这里,作者对待生命的态度是:一、看破生命,不贪生怕死;二、看重生命,不虚度此生。毫无疑问,作者的态度是值得肯定的。

一六一

浮生可见,如梦幻泡影[①],虽有象[②]而终无;妙本难穷,谓真信灵明,虽无象而常有。

〔注释〕

①梦幻泡影:佛教认为世界中的一切都是虚幻的。《金刚经》:"一切有为法,如梦幻泡影。"

②有象:存在着的形体状貌。

〔译文〕

人的肉身生命可以看见,但也如梦幻泡影,虽有形态体貌但终将归于虚无;玄妙的本源之道难以穷尽,这才是真实可信、灵验洞明的准则,虽然看不见摸不着却无时不在。

〔点评〕

这里是谈有形与虚无的辩证关系。人的生命肉体是有形的,但又像泡沫幻影那样,终将归于虚无;奥妙无穷的宇宙之本,才是真实可信的处事准则,虽无形却又无处不在。作者这种"人生虚无,事理长存"的思想,其实完全是一个落魄士子的感叹。

一六二

鹬蚌相持①,兔犬共毙②,冷觑③来令人猛气全消;鸥凫共浴④,鹿豕同眠,闲观去使我机心顿息。

〔注释〕

①鹬蚌相持:"鹬蚌相争,渔翁得利"。比喻双方相持不下,结果两败俱伤,让第三者得利。

②兔犬共毙:兔子死后,猎狗被烹食。比喻敌人灭亡后,统治者杀害功臣,也比喻事成被弃。《史记·越王勾践世家》:"勾践已平吴,范蠡遂去,自齐遗大夫种书曰:'飞鸟尽,良弓藏;狡兔死,走狗烹。越王为人长颈鸟喙,可与共患难,不可与共乐。子何不去?'"

③冷觑:冷眼观看。

④鸥凫共浴:比喻和睦相处,彼此互不伤害。

〔译文〕

“鹬蚌相争，渔人得利”“狡兔死，走狗烹”，冷眼旁观世间这些事情，让人互相争斗的猛气全都消除；海鸥与野鸭一起游泳，麋鹿和野猪一同睡眠，闲来静观这些景象，使我的机巧奸诈之心顿时平息。

〔点评〕

为了名誉、富贵、理想，拼命地努力、奋斗、争持，但是冷眼观看“鹬蚌相争，渔人得利”“鸟尽弓藏，兔死狗烹”的世间惨象，还争什么？争来争去，很可能都是为他人作嫁衣，甚至还可能搭上性命。再看看那些海鸥与野鸭，麋鹿与野猪，醒来共浴，困了同眠，它们虽非同类却能和睦相处，想想这些，人的争斗之心就会平息，才可以与世无争地享受平凡而悠闲的生活。

一六三

迷则乐境成苦海，如水凝为冰；悟则苦海为乐境，犹冰涣[1]作水。可见苦乐无二境[2]，迷悟非两心，只在一转念间耳。

〔注释〕

①涣：消散、融化。

②无二境：（苦与乐）并非处于两种不同的感官，下句的“非两心”意同。

〔译文〕

如果执迷不悟，那么乐境也会变成苦海，就像水凝成冰块一样;如能领悟人生真谛,即使处在苦海中也会变成乐境,就像冰块融化成水一样。由此可见,苦与乐本没什么区别,执迷与彻悟本没什么两样,只在于人的一转念之间罢了。

〔点评〕

是苦海还是乐境,关键在于我们怎样去看待去感悟。同样的生活境遇,如果乐观旷达、淡泊名利,就会感觉自己生活得悠然自得;如果艳羡名利、贪图富贵,就可能感觉自己生活在苦海之中。如果一味执迷不悟,原本的乐境也成了苦海。苏轼晚年过着食无肉、医无药的生活,但食芋饮水不改其乐。因此,随遇而安也是一种达观的生活态度。

一六四

遍阅人情,始识疏狂①之足贵;备尝世味②,方知淡泊之为真。

〔注释〕

①疏狂:狂放,不受拘束。

②备尝世味:遍尝世态炎凉。

〔译文〕

看遍了人情世事,才认识到粗疏狂放品质的可贵;尝尽了世上各种滋味,才知道淡泊宁静的心态方为纯真。

〔点评〕

作者赞同为人疏狂、豪放,这样的人做人处事往往是率性而为，不用心机，作者认为这样非常可贵；至于处世，作者喜欢淡泊宁静的生活，没有尔虞我诈、你争我夺，可以放松身心，保持本真的自我。作者的这种态度，不再是传统儒家的兼济思想，而是更加重视率真随性、宁静恬淡的个体生活，道家尚“自然”的意味颇重。

一六五

地宽天高，尚觉鹏程之窄小①；云深松老，方知鹤梦②之悠闲。

〔注释〕

①鹏程：常以鹏程万里比喻前途远大，这里则指空间广阔。《庄子·逍遥游》：“鹏之徙于南冥也……抟扶摇而上者九万里。”

②鹤梦：比喻超凡脱俗的向往。南宋戴昺（bǐng）《秋晚诗》：“草润蛩声滑，松冷鹤梦清。”

〔译文〕

认识到地之广阔、天之高远，才发觉常说的鹏程万里仍那样狭窄渺小；退居山林看云深雾锁、千年寿松，才知道超凡脱俗的仙鹤之梦是何等悠闲。

〔点评〕

这里表达的是落魄士子的悲叹。功业的追求是难以穷尽的，还是山林中的风景让人留恋。所以，还不如退居山林，身临其境，亲眼去看浩渺云海、苍劲老松，用心体会闲云野鹤般的悠闲生活，感悟生命本真的乐趣。

一六六

两个空拳握古今,握住了还当放手;一条竹杖挑风月[1],挑到时也要息肩。

〔注释〕

①风月:这里指清风明月。

〔译文〕

两只空拳即使能握住古今,握住了还应当放手;一条竹杖即使能担起清风明月,担到时也要歇歇肩膀。

〔点评〕

本条的关键词是“放手”“息肩”。人生来本是两手空空,古往今来人们却对金钱、名利、地位苦苦追求,即便真的能追求到,也应该懂得该放手时且放手。清风明月、云深松老的生活固然惬意,即便有机会享受这样的生活,也不能过于沉溺其中。放下内心所有的负累,甚至连“放下”的念头都放下,才能真正获得解脱,才是人生的理想境界。

一六七

阶下几点飞翠落红,收拾来无非诗料;窗前一片浮青映白,悟入处尽是禅机[1]。

〔注释〕

①悟入:佛教用语,参悟入道。禅机:佛教用语。指因心境触发,而对

佛法有所了悟。

〔译文〕

台阶下，几片飞来的翠叶和飘落的花瓣，也不要太伤感，收拾起来无非是吟诗著文的素材；书窗前，苍青的夜空辉映着一片皎洁的月光，如果能有所感悟，便无处不是对人生世事和天道佛法的诠释。

〔点评〕

佛学禅宗玄觉的《永嘉证道歌》云："一月普现一切水，一切水月一月摄。"庭前看落红，窗下悟禅机，这是林下居士的惯常生活。耐得住这种寂寞，才能成性悟道。

一六八

忽睹天际彩云，常疑好事皆虚事；再观山中古木[①]，方信闲人是福人。

〔注释〕

①山中古木：这里比喻世上闲人。《庄子·山木》："庄子行于山中，见大木，枝叶盛茂。伐木者止其旁而不取也。问其故，曰：'无所可用。'庄子曰：'此木以不材得终其天年。'"

〔译文〕

不经意间看到天边的彩云，虽然煞是好看，但转眼就消散了，因此常常怀疑美好之事皆为虚幻之事；再仔细观察山中的古木，没有用、不成材的才得以保留下来，方才相信清闲无用之人才是有福之人。

〔点评〕

世事如云霞，虽然色彩绚烂却又变幻莫测，好的际遇、事情，随时都可能朝着相反的方面转化，所以，遇到好事常常怀疑不是真实的。再看看山中的那些古木，无用之木才得以保留，这也像人间之事，没有能力、无所作为的人可以免去身心劳顿，这种闲散无用之人才是有福之人。作者的这种人生态度，虽然有些消极，但也有一定的哲理。

一六九

东海水，曾闻无定波，世事何须扼腕[1]？北邙山[2]，未省留闲地，人生且自舒眉。

〔注释〕

①扼腕：用手握腕，表示情绪激动、振奋或惋惜。

②北邙（máng）山：邙山，在洛阳之北，黄河南沿，故名北邙山。洛阳为九朝古都，自东汉始，便有“生于苏杭，葬于北邙”之说，故历代王侯公卿多葬于此，因此坟茔密集重叠。历代诗人咏此者甚多。这里暗示人生都不免一死。

〔译文〕

东海之水，从来不曾听说过海波平定，世间之事反复无常，又何须为此扼腕叹息？北邙山上，从来不曾留下过空闲地方，任何人终究难免一死，人生在世，还是暂且舒眉展目为好。

〔点评〕

这条内容取自白居易的《放言》诗五首中的第四首:“谁家第宅成还破,何处亲宾哭复歌。昨日屋头堪炙手,今朝门外好张罗。北邙未省留闲地,东海何曾有定波。莫笑贱贫夸富贵,共成枯骨两如何。”这种对世事变幻无常、人生难免一死的感叹,促使古代文人更加理性地面对社会与自身。世事本就反复无常,有什么值得扼腕叹息的?帝王将相终归一死,还有什么想不开的事情?古代文人类似这种咏叹世事沧桑的作品很多,唐代刘禹锡的《乌衣巷》也很有名:“朱雀桥边野草花,乌衣巷口夕阳斜。旧时王谢堂前燕,飞入寻常百姓家。”

一七〇

天地尚无停息,日月且有盈亏,况区区人世,能事事圆满而时时暇逸乎?只是向忙里偷闲,遇缺处知足,则操纵在我,作息自如,即造物①不得与之论劳逸、较亏盈矣。

〔注释〕

①造物:古人以为天造万物,因此称天为“造物”。

〔译文〕

天地尚且没有停留止息,日有阴晴,月有盈亏,何况小小的人世间,哪能每件事情都圆满、每时每刻都闲散安逸呢?只要能在繁忙中抽出空闲时间,在遭遇缺憾时知道满足,就能把操控权掌握在自己手中,把劳作与休息安排妥帖,这样的话,即便是老天爷也不能与他谈论劳逸、计较亏盈了。

〔点评〕

承认世事有缺憾，这是一种客观的态度。古人曾说："天下良辰、美景、赏心、乐事，四者难并。"（谢灵运语）世事的圆满，只是人们一种理想的追求，有缺憾才是常态。接受缺憾，并能以理性的态度对待它，世间的一切都能让人安然、泰然了。

一七一

心游瑰玮之编①，所以慕高远；目想清旷之域，聊以淡繁华。于道虽非大成，于理亦为小补。

〔注释〕

①瑰玮之编：圣贤之书，奇卓优美的文章。

〔译文〕

用心体会那些圣贤之书的教诲，可以使人志向高远；眼睛看看清新空阔的原野，可以淡化对富丽繁华的追求。这些对于"道"来说，虽然不是什么大的成就，可是对于"理"来说，也是小小的补充。

〔点评〕

这里表达的是自己对先哲圣贤的尊崇，以及沉淀于内心里的高远志向，同时又向往大自然的空旷清明，表现出对功名利禄、荣华富贵的淡然。作者的这种人生态度，一以贯之于整册《菜根谭》里。

一七二

霜天闻鹤唳，雪夜听鸡鸣，得乾坤清纯之气①；晴空看鸟飞，活水观鱼戏，识宇宙活泼之机②。

〔注释〕

①清纯之气：指夜气，即清明纯净的心境。古人认为，人接触到清纯的夜气，心里就会发出善念。《孟子·告子上》："夜气不足以存，则其违禽兽不远矣。"意思是说如果夜气还不能让他心存善念，那就和禽兽相距不远了。

②机：事关成败的重要关系或中心环节。

〔译文〕

霜天的清晨听到仙鹤叫声，下雪的夜晚听到公鸡唱晓，这样能够体验到天地的清纯之气；于晴空中看鸟儿自由飞翔，在流水旁观鱼儿嬉戏跳跃，这样可以感觉到大自然的勃勃生机。

〔点评〕

万籁俱寂时听到仙鹤和公鸡的唳鸣，人的心境自然就会清明纯净。晴空中看鸟儿自由地飞翔，流水旁观鱼儿欢快地跳跃，大自然的这种勃勃生机，会启迪和感染人的心态，将使人胸襟顿开，欢欣鼓舞。一个人处于这种氛围里，什么功名利禄，什么世事艰辛，统统不在思虑之内，心中只剩下纯净与空明。

一七三

闲烹山茗听瓶声①，炉内识阴阳②之理；漫履楸枰③

观局戏，手中悟生杀之机。

〔注释〕

①听瓶声：听瓶中水沸之声。瓶，古代煎茶的陶器。

②阴阳：阴，此处指瓶中之水。阳，此处指炉内之火。

③漫履楸枰（qiūpíng）：履，踩、踏、行走。这里指注意力跟随着弈者的行棋步骤而转移。楸枰，楸木所制的棋盘。楸，一种落叶乔木，生长相对缓慢，材质坚硬细密，是制作家具的上好材料。

〔译文〕

闲暇时烹一罐新鲜的山茶，听瓦罐中噗噗的水沸声，可以从中识得阴阳相生的道理；静坐棋局旁观战，注意力随着弈者的行棋步骤而转移，从他们的手中感悟予夺生杀的玄机。

〔点评〕

闲听瓶声、漫观局戏，这都是闲适散淡的生活，而作者的侧重点则是从中"识阴阳之理""悟生杀之机"。无论面对何种生活景象，都不忘从中"识理""悟机"，这里在强调"格物致知"之理。其实，人立身处世的哲理往往就蕴含在平常的生活现象里，善于观察思考，时时处处都能增长见识。

一七四

芳菲园林看蜂忙，觑破几般尘情世态；寂寞衡茅[1]观燕寝，引起一种冷趣幽思。

〔注释〕

①衡茅：以横木做门，以茅草盖顶，指简陋的房屋。

〔译文〕

在百花盛开的园林中看蜜蜂忙着采蜜,从中看破多少凡心俗情和世间百态;在寂静无声的茅屋前看燕子寝梦安然,引起一种清冷的情趣和深幽的思索。

〔点评〕

这里仍在谈“格物”。前两句化用晚唐罗隐的那首著名的《咏蜂诗》:“采得百花成蜜后,为谁辛苦为谁甜。”人的一生本质上有时也像蜜蜂那样,辛苦经营一生,到头来却白忙一场,这应该就是作者从中“觑破”的“尘情世态”。再看看寂静的茅屋里燕子酣眠,虽然冷清却幽静安闲,不受尘俗世态的侵扰,我们很难判断作者的“冷趣幽思”里都包含了哪些内容,但是很显然,作者向往这种从容闲适的生活。

一七五

会心不在远[①],得趣不在多。盆池拳石间[②],便居然有万里山川之势,片言只语内,便宛然见万古圣贤之心,才是高士的眼界、达人的胸襟。

〔注释〕

①会心不在远:比喻随地可得乐境。南朝刘义庆《世说新语·言语》:“简文帝入华林园,顾谓左右曰:‘会心处不必在远,翳然林木,便自有濠、濮间想也。觉鸟兽禽鱼自来亲人。’”

②盆池拳石间:比喻空间狭小。盆池,埋盆于地,引水灌注而成的小池,用以种植供观赏的水生花草。拳石,指园林假山,亦指陈设在案上的

玲珑岩石。

〔译文〕

能让人心领神会的景物不在远近，能使人得到旨趣的话语不在多少。从小不盈尺的假山盆景之间，便居然能领略到万里山川的气势，在简短的三言两语之中，就仿佛感悟到万古圣贤的精神，这才是高明之士的眼界、通达之人的胸襟。

〔点评〕

道家讲“物我两忘”“得鱼忘筌”，这是主客体完全交融的状态。陶渊明的诗“此中有真意，欲辩已忘言”，即是表达的这种状态。在这种状态下，人和物都是自然存在，是道的体现。亦无所谓大，无所谓小，无所谓生，亦无所谓死。

一七六

心与竹俱空，问是非何处安脚？貌偕[①]松共瘦，知忧喜无由上眉。

〔注释〕

①偕(xié)：偕同、一同。这里作“与”解。

〔译文〕

内心如能像竹子同样空无杂念，试问是是非非还能在何处落脚？面貌、意念像松柏那样清瘦自然，就知道世间忧愁喜乐没有理由爬上眉头了。

〔点评〕

在中国古代文化传统中，竹、松都是君子的象征，其实这种比喻还真的很恰当，可谓形与理俱得。心空似竹，虚怀若谷，胸无杂念，人的情趣格调自然高，自然就会与是是非非琐屑之事无缘。貌瘦如松，清爽劲朗，道骨仙风，这种形象往往是内在境界的外化，这种“貌若古松”的人自然会忘情于尘俗，不会轻易被忧愁喜悦所困扰。

一七七

趋炎①虽暖，暖后更觉寒威；食蔗能甘，甘余便生苦趣。何似养志于清修②而炎凉不涉，栖心于淡泊而甘苦俱忘，其自得为更多也。

〔注释〕

①趋炎：附在火旁取暖，一般指阿谀附势权贵。

②清修：佛教中指在家带发修行。

〔译文〕

靠近火焰虽能感到暖和，但暖和之后更能感受严寒的威力；嚼食甘蔗虽然能品尝到甘甜，但甘甜过后口里又会生出一种苦味。可见，趋炎附势哪如闭门于家中修身养性，让炎凉世态都与自己毫不相干，哪如将心灵寄托于清淡寡味中，把甘甜苦涩一起忘却，这样的话，内心的感悟一定会更多。

〔点评〕

这里要人们不为一时之温暖、甘甜便留下以后的寒凄与苦涩。为人处世应该追求长远，但把解决问题的方式归于闭门修身养性，也是出于对世俗的愤激。

一七八

席拥飞花落絮，坐林中锦绣团茵[1]；炉烹白雪清冰，熬天上玲珑液髓[2]。

〔注释〕

①团茵：圆形的垫子或坐褥。茵，也作“裀”。

②液髓：液体之精华。

〔译文〕

坐席间被纷纷扬扬的飞花落絮覆盖，就像在山林中坐着锦绣的坐垫；炉子里用冰雪融化的水烹茶，好比是熬着天上的琼浆玉液。

〔点评〕

夏天坐在山林中，落花飞絮就是锦绣的坐垫；冬日围在火炉旁，用冰雪烹茶胜过琼浆玉液。零距离地亲近大自然，让大自然净化心灵，这就是作者念兹在兹并反复咏叹的生活。然而这种林下生活，自古也常常遭到一些关心时事的人的不满与批评。南宋文及翁词云：“借问西山林处士，但掉头、笑指梅花蕊。天下事，可知矣。”便表达了对于一些人不问世事的不满。

一七九

逸态闲情，惟期自尚[1]，何事外修边幅[2]；清标[3]傲骨,不愿人怜,无劳多买胭脂。

〔注释〕

①自尚:自我欣赏。

②边幅:指人的仪表、衣着。《后汉书·马援传》:“天下雄雌未定,公孙不吐哺走迎国士,与图成败,反修饰边幅,如偶人形。此子何足久稽天下士乎?”后形容不讲究服饰、仪表为“不修边幅”。

③清标:俊逸的风采、清高脱俗的人格。明朗瑛《七修类稿·义理·四雪》:“园林中植此四花,以四雪取名为亭,可谓清标之至。”

〔译文〕

逸致的姿态、悠闲的心情,只期望自我欣赏,又何必刻意修饰外表?俊逸的风采、高傲的气骨,不期待被人怜爱,就无须涂脂抹粉取悦于人。

〔点评〕

这里流露出作者自命清高和孤芳自赏的情绪。我的“逸态闲情”,只是为了让自己欣赏,我何必刻意修边幅与人看?虽然我“清标傲骨”,但是我不盼望获得他人的爱怜,所以我不需要涂脂抹粉。换句话说就是,我只想活成我想要的样子,不需要为取悦他人而修饰装扮。这种自由放达、潇洒自在的生活态度,是古时候所谓的“名士”风度,不是一般人能做到的。

一八〇

天地景物,如山间之空翠,水上之涟漪[①],潭中之云影,草际之烟光,月下之花容,风中之柳态,若有若无,半真半幻，最足以悦人心目而豁[②]人性灵，真天地间一妙境也。

〔注释〕

①涟漪：细小的波纹。

②豁：开阔、通达。

〔译文〕

天地之间的景物，譬如山间的空旷葱翠，水面上的细小波纹，潭水中映出的云影，草原边际的云烟，月光下朦胧的花容，春风中婀娜的杨柳，这些景色若有若无，半是真实半是虚幻，最能使人赏心悦目，从而开阔人的性情灵感，自然界这些平常的景色，确实是天地间的一大妙境啊。

〔点评〕

《菜根谭》中，作者还很少像本条这样，浓墨重彩地描述自然景色：山间的空旷与葱翠，水面上的波纹，水潭中的云影，草原上的云烟，月光下的花容，轻风中的柳丝，等等。这种若有若无、亦真亦幻的迷蒙之状，是一种朦胧宁静的美。

一八一

乐意相关禽对语，生香不断树交花[①]，此是无彼无此得真机[②]。野色更无山隔断，天光常与水相连，此是彻上彻下之真境[③]。吾人时时以此景象注之心目，何患心思不活泼，气象不宽平？

〔注释〕

①“乐意”二句：出自宋代石延年的《金乡张氏园亭》诗。相关，相互鸣叫。

②真机：真正的关键。

③真境：真正的美好境地。

〔译文〕

鸟儿乐趣相投，互相鸣叫应答，树木生香不断，传花交粉，这是它们不分彼此、相互友好的真正关键。田野因没有山峦相隔而一望无际，水面因浩渺辽阔常与天际相连，这才是上下通彻的真正美景。如果我们能时时将这番景象看在眼里，装在心里，还担心思维不活跃、气质不宽广、平和吗？

〔点评〕

这是结合景物来说明情趣。鸟尚且因为花而欢欣鼓舞，唱出了美妙的乐调，人怎能不为鸟语花香而心醉。能够领略这种美景的，感觉到这是一种不分彼此的真正的天然乐趣。野色、天光、水波、人心，融为一体，苍茫无边，这才是真正美好的境界。我们如果能够经常看到、想到这种赏心悦目、苍茫无边的美景，心思就会活泼，心胸就能宽阔。一个人如果有“道心”“禅心”，内心世界有清净空明的意愿，就可以活得自在、自由。

一八二

鹤唳[①]雪月霜天，想见屈大夫醒时之激烈[②]；鸥眠春风暖日，会知陶处士[③]醉里之风流。

〔注释〕

①鹤唳：鹤的鸣叫声。《风土记》曰："鹤鸣戒露，此鸟性警，至八月白露降，流于草上，滴滴有声，因即高鸣相警，移徙所宿处，虑有变害也。"

②屈大夫醒时之激烈：屈大夫，即屈原，战国晚期楚国人，曾做过三闾大夫，后受谗害被流放。屈原学识渊博，爱国忧民，他看到楚国政治腐败，因自己政治理想无法实现而深感忧虑。后楚国国都被秦军攻破，屈原投汨罗江自尽。所著《楚辞·渔父》中屈原答渔夫曰："举世皆浊我独清，众人皆醉我独醒，是以见放。"

③陶处士：即陶渊明，字元亮，东晋杰出文学家。曾做过江州祭酒、镇军参军、彭泽令等职，因不满当时士族阶层把持政权，"不为五斗米折腰"，而辞官归隐，以耕读、诗酒自娱。

〔译文〕

严霜满天，雪夜月明，仙鹤的唳鸣清越嘹亮，这让人不禁想起屈原当年那种"众人皆醉我独醒"的激越呐喊；春风和畅，阳光明媚，鸥鸟悠闲地闭目养神，这使人想到陶渊明辞官后那种"忽与一樽酒，日夕欢相持"的醉态里的风流神韵。

〔点评〕

从霜天雪月与仙鹤凄厉高亢的唳鸣里，想到了屈原那种"举世皆浊我独清，众人皆醉我独醒"的悲愤难掩、壮怀激烈；从春风暖日与鸥鸟悠然安闲的眠态里，想到了陶潜"且共欢此饮，吾驾不可回"的悠然自得、风流倜傥。既希望像屈原那样忧国忧民，建功立业，报效国家，又羡慕陶渊明那种"不为五斗米折腰"的无拘无束、自由自在的生活。作者的这种态度，本身就充满了矛盾。或许，中国传统文化里的士子们，都是这样一个精神上的矛盾体。

一八三

黄鸟[1]多情，常向梦中唤骚客[2]；白云意懒，偏来僻处媚幽人[3]。

〔注释〕

①黄鸟：黄莺，亦指黄雀。《诗经·周南·葛覃》："维叶萋萋，黄鸟于飞。"《诗经·秦风·黄鸟》："交交黄鸟，止于棘。"

②骚客：本指诗人。这里指醉客。

③幽人：隐士。

〔译文〕

黄鸟自作多情，常常在枝头啼叫，打扰醉客的清梦；白云懒散飘过，偏偏停在僻静之处，有意献媚归隐之人。

〔点评〕

黄莺啼叫，白云舒卷，这里是隐者在山中常见之景。作者以拟人化的手法，说鸟儿太吵闹，白云太懒散，是在表达与这些景物相处久了的亲近。这里俨然是又一位陶处士了。

一八四

栖迟[1]蓬户，耳目虽拘，而神情自旷[2]；结纳山翁[3]，仪文虽略[4]，而意念常真。

〔注释〕

①栖迟：淹留、隐居。

②"耳目"二句:拘,受束缚、限制。旷,明朗、开朗。

③结纳山翁:结纳,结识、结交。山翁,山野之中的老人。

④仪文虽略:仪文,指礼节。略,简略、简单。

〔译文〕

游息淹留在山林中的茅舍,耳目虽然受到限制,但是神情自然宽阔明朗;结交居住在山中的老人,他们的礼仪虽然疏落一些,但他们心里的想法和对人的心意都是真切、诚实的。

〔点评〕

淹留山林茅舍,结交山中老人,这种与外面的繁华世界相对隔绝的生活,见闻虽然少一些,人的精神却是明朗而开阔的;纯朴的山民朋友,他们没有那些繁文缛节,他们的想法和对人总是真情实意,这是山中人的朴拙。面对世俗的"巧且华",山中人宁愿守拙,也不追求"巧且华",这让人想起宋人的诗"开门旧宾客,稚子相逢迎"。

一八五

满室清风满几①月,坐中物物见天心②;一溪流水一山云,行处时时观妙道③。

〔注释〕

①几:矮而小的桌子。如"茶几"。

②天心:本性、本心、天理的体现。《文子·上礼》:"圣人初作乐也,以归神杜淫,反其天心。"

③妙道:自然界的微妙造化。

〔译文〕

满室清风,满几月色,端坐家中,透过每一件物体都可以看到大自然的本性;一溪流水,一山云雾,行在路上,每时每刻都能观察到自然界的微妙造化。

〔点评〕

清风月色,流水云雾,作者所描述的这些景象,纯粹是空灵剔透的诗意禅境,从中所见所观的也都是“天心”“妙道”。寄情于动静有致的自然山水,却不仅仅是在悠闲散淡中寻找生活的乐趣,而更侧重于透过景物表象,感悟其所昭示的生活哲理,领悟大自然的变化之机,作者的这种境界,确实不是一般人所能做得到的。

一八六

炮凤烹龙①,放箸②时与齑③盐无异;悬金佩玉,成灰处共瓦砾何殊?

〔注释〕

①炮凤烹龙:形容菜肴丰盛珍奇。炮,烧烤。

②箸(zhù):筷子。

③齑(jī):切成细末的腌菜、酱菜或调味的葱、姜、蒜等。

〔译文〕

烧烤凤肝烹煮龙肉,无论多么珍奇、丰盛的菜肴,放下筷子就与咸菜没有什么区别;悬挂金印,佩戴玉饰,但人死后尸骨成灰之时,这些金印、美玉与地上的瓦砾又有什么不同?

〔点评〕

山珍海味的富贵生活与粗茶淡饭的贫苦生活,看起来有很大不同,但从终极的人生价值上看并非如此。作者常常用这种人生的终极归宿来劝告人们,要甘于淡泊清贫的生活,不要贪恋荣华富贵。其实,像富贵并不值得炫耀一样,清贫本身也不应该推崇,作者只是想告诉人们,不要过于艳羡功名利禄、富贵奢华,而是应该学会从平淡、贫困的生活中获得乐趣。

一八七

扫地白云来,才着工夫便起障①;凿池明月入,能空境界自生明②。

〔注释〕

①“扫地”二句:旧的烦恼除去了,新的烦恼又来了。白云,比喻“障”。障,障碍,即佛教所谓的烦恼。

②“凿池”二句:能认识到境界的虚幻,自然就产生智慧。明月,即佛教所谓的智慧。

〔译文〕

打扫完地面,白云又飘过来,刚开始下工夫修身自省,就会遇到新的烦恼、障碍;开凿好池塘,明月就会照入,只要能将自身境界虚空,自然就会产生出澄明的智慧来。

〔点评〕

这里谈两种修省方法。一种是“扫地”。就是北宗大师神秀所说的"时时勤拂拭,莫使惹尘埃",这种方法虽然有效,但是地扫完了,白云又来,旧的困惑解开了,新的障碍还会再来。再一种是"凿池"。开凿池塘,注入清水,明月自来,把隐匿于自己心里的功名利禄等尘俗之念清空,澄明的智慧自然就会产生,人对于自然、生命的认识就会达到一个更高的境界,这有些类似于南宗慧能宗师所言的"本来无一物,何处惹尘埃"。前一种的修省烦琐而不得要领,而后者才是觉悟的关键。

一八八

造化唤作小儿[①],切莫受渠[②]戏弄;天地丸为大块[③],须要任我炉锤。

〔注释〕

①造化唤作小儿:《新唐书·杜审言传》:"审言病甚,宋之问、武平一等省候何如,答曰:'甚为造化小儿相苦,尚何言?然吾在,久压公等。今且死,固大慰,但恨不见替人。'"小儿,小孩子,也用于对人的蔑称。

②渠:他、它。

③大块:大自然。《庄子·齐物论》:"大块者,造物之名,亦自然之称也。"

〔译文〕

司命之神就是个顽劣小儿,千万不要受他戏弄;天地就是个巨大泥丸,可以任我锤炼改造。

〔点评〕

人们感叹命运不济或败局无可挽回时,常说"造化弄人"。

而作者却说，造物主是个顽劣的小孩子，自己的命运要自己做主，不能听任司命之神的戏弄摆布；并且将天地当作一个大泥丸，可以根据自己的愿望任意锤炼，改造成自己期望的模样。这样就将原本任由造化摆弄的人生，变成了自己把握的命运，并且要进一步改造社会，这是一种生命的自觉。这种非凡气度，给人以鼓舞和振奋，在整册《菜根谭》里着实难得一见。

一八九

想到白骨黄泉，壮士之肝肠自冷；坐老清溪碧嶂，俗流之胸次[1]亦开。

〔注释〕

①胸次：胸怀、心里。《庄子·田子方》："喜怒哀乐不入于胸次。"

〔译文〕

想到人死之后化成白骨，归于黄泉，即便是豪壮之士，心肠自然也会冷却下来；长时间静坐在清澈的溪流、青翠的山峰前，即便是庸俗浅陋之辈，心胸也会逐渐开阔起来。

〔点评〕

这里从生命最终归宿的角度劝导人们要平息欲念。站到生命的终结这一端点想问题，很多纷繁复杂的人生难题就简单化了，如果想到死后一切都将归为虚无，那么所有的豪情壮志与物欲横流都会冷却下来。那么怎样才可以让自己活得透彻些？作者给出的办法就是投身于大自然，摆脱尘世纷扰，经常在幽静空旷的大自然中静坐冥思，就能荡涤心中的俗念，胸次顿开。且不说成为圣贤，这种沉浸于大自然的方法，对于现代人释放、缓解生活压力，也是非常有用的。

一九〇

夜眠八尺，日啖[1]二升，何须百般计较；书读五车[2]，才分八斗[3]，未闻一日清闲。

〔注释〕

①啖（dàn）：吃。

②书读五车：古人以竹简、木牍为书，读的书能装满五车，比喻读的书多，学识渊博。也作“学富五车”。《庄子·天下》：“惠施多方，其书五车。”

③才分八斗：言才气之高。也说“才高八斗”。《南史·谢灵运传》：“灵运曰：‘天下才共一石，曹子建独得八斗，我得一斗，自古及今共用一斗。’”

〔译文〕

夜晚睡觉只需八尺床榻，白天吃饭只要粟米二升，何必百般计较那些用不着的东西？有些人书读五车之多、分得八斗之才，这些抱负远大、聪明能干的人，从没听说他们有过一天的清闲。

〔点评〕

人生的基本欲求真实而又简单，夜晚睡觉就是一张床，白天吃饭不过二升米，除此之外，其他的都无须计较；学习知识也是这样，看看那些学富五车、才高八斗的人，没听说过他们有一天的清闲。对于作者的这种观点，应该从两方面来看。首先，如果仅仅看到人类的最低生活需求,从这个层面劝说人们息止奔忙、操劳,那么人类就与其他动物没有多大区别了,这显然过于消极。但是,如果整天操劳不止,在疲于奔命中迷失了自己,这样的生活也没有意义。

概　论

（一九一～三六〇）

一九一

君子①之心事天青日白，不可使人不知；君子之才华玉韫珠藏②，不可使人易知。

〔注释〕

①君子：有道德、有修养的人。

②玉韫(yùn)珠藏：泛指把美玉珠宝严密收藏起来。这里比喻掩藏才智。《论语·子罕》："有美玉于斯，韫椟而藏诸，求善贾而沽诸。"另见陆机《文赋》："石韫玉而山晖，水怀珠而川媚。"

〔译文〕

君子心里的所想，犹如青天白日、正大光明，不能不让人知道；君子的才华，要像韫藏美玉、收藏明珠那样，不能让人轻易知道。

〔点评〕

这里从"心事"与"才华"两方面，谈论君子的处世原则。君子的内心，正如《论语》所言："君子坦荡荡。"他们的心地干净纯洁,光明磊落,根本没有什么需要遮遮掩掩的。恰恰相反,君子的内心“不可使人不知”,而要尽量坦露自己,尽量让别人认识你、了解你、信任你。相反,小人的心事却难以做到使人尽知。君子的才华却不能轻易显露,更不能炫耀,而应该像对待美玉珠宝那样,好好地掩藏起来,以免给自己招来麻烦,生逢乱世尤应如此。简单地说,作者认为君子为人处世,既要坦荡又要藏锋,这应该是从起伏坎坷的人生履历中得出的经验之谈。

一九二

耳中常闻逆耳[①]之言,心中常有拂心之事,才是进德修行的砥石[②]。若言言悦耳,事事快心,便把此生埋在鸩毒[③]中矣。

〔注释〕

①逆耳:刺耳,使人听了不高兴的话。《孔子家语·六本》:“良药苦口而利于病,忠言逆耳而利于行。”

②砥(dǐ)石:指磨刀石。粗石叫砺,细石叫砥。

③鸩毒:毒酒、毒药。鸩,传说中的一种毒鸟,把鸩羽放入酒中,便成为烈性极强的毒酒,名为鸩毒。

〔译文〕

耳边经常听到刺耳的言语,心中经常装有不顺心的事情,这才是增进道德、修养德行的磨刀石。倘若听到的每句话都悦耳动听,经办的每件事都称心如意,那就等于把这一辈子埋葬在毒酒中了。

〔点评〕

逆耳之言、拂心之事,才是增进道德品行的磨刀石;如果“言言悦耳,事事快心”,那才是人生中潜藏的大危机。作者的这种观点,不是让人主动寻求逆耳言与拂心事,而是强调要从这两种情况中检讨自己,汲取能量,砥砺前行;也不是一概排斥所有的顺心事,而是强调越是在顺境时越要保持警惕,不要被顺境掩盖下的危机所迷惑。作者这里说的是做人,如果大而化之,就是《孟子》里的那段名言:“入则无法家拂士,出则无敌国外患者,国恒亡。然后知生于忧患,而死于安乐也。”

一九三

疾风怒雨,禽鸟戚戚①;霁月光风②,草木欣欣。可见天地不可一日无和气③,人心不可一日无喜神④。

〔注释〕

①戚戚:忧惧、忧伤的样子。

②霁(jì)月光风:雨过天晴后的明月,天朗气清时的和风。霁,雨后或雪后转晴。

③和气:古人认为天地间阴气与阳气交合而成之气为和气,万物由此“和气”而生。引申为能导致吉利的祥瑞之气。

④喜神:迷信说法的主吉之神。这里指欣喜乐观的神态。

〔译文〕

狂风怒吹,暴雨如注,飞禽走兽都会忧伤惊惧;雨过月朗,和风习习,花草树木全都欣欣向荣、生机盎然。由此可见,天地间不可一天没有和合之气,人心中不可一天没有欣喜乐观的情绪。

〔点评〕

这里从正反两方面，劝导人们要时刻保持乐观的心情。狂风暴雨来临时，连飞禽走兽都会感到惊惧不安，风清月朗的时候，花草树木全都一派欣欣向荣，由此可见，天地不可一日没有祥和之气，人不能一日没有愉快的心情。现在人们常说：无论生活怎样，都不要忘记微笑。其实这话反过来说也很对：只要我们是一个乐观的人，生活中永远不缺少开心的事情。乐观面对人生，孔子就是很好的榜样："其为人也，发愤忘食，乐以忘忧，不知老之将至云尔。"

一九四

酞肥辛甘非真味①，真味只是淡；神奇卓异②非至人③，至人只是常。

〔注释〕

①"酞肥"句：酞（nóng），味浓的酒。真味，食物本来的味道，真实的意旨或意味。

②神奇卓异：卓异，本指成绩突出、卓越优异。这里指神奇怪异。

③至人：道德修养都达到完美无缺的人，即做人的最高境界。《庄子·逍遥游》："至人无己，神人无功，圣人无名。"

〔译文〕

酞醇、肥美、辛辣、甘甜并非食物真正的味道，食物真正的味道只是清淡；神妙奇特、卓越怪异并非最高境界的人，最高境界的人都十分平常。

〔点评〕

“真味是淡，至人如常”，是一句饱含着人生哲理与处世智慧的格言。席宴上的大快朵颐固然美好，但最滋养我们的还是家中的粗茶淡饭；与人交往相处要有分寸感，有句话叫作“君子之交淡如水”。做人也是同理，神妙奇特、才智卓绝的人，算不上最高境界的人，真正达到最高境界的人看起来倒是十分平常。这些道理告诉我们，应该在平淡中待人涉世，在平常中完善自己。

一九五

夜深人静，独坐观心①。始知妄穷而真独露②，每于此中得大机趣；既觉真现而妄难逃，又于此中得大惭忸③。

〔注释〕

①观心：佛教用语。观察自己的内心。

②妄穷而真独露：妄，虚妄、非分。真，真境，与“妄”相对，指脱离妄见而达到涅槃境界。

③惭忸(niǔ)：惭愧，不好意思。

〔译文〕

夜深人静时，一个人坐下来观省自己的内心。这时才能消除一切妄念，只让自己本真的心性显露出来，每每从中都能领悟到生命的真谛。可是，当自己本真的心性显露出来的时候，却越发觉得妄念难以逃遁，于是又在这个过程中感受到极大的愧惭。

〔点评〕

子曰:“君子求诸己,小人求诸人。”传统的儒家文化强调人的自我修省,主张通过对自己的内心状态进行观察、审查,促进道德修养的提升。本条就阐述了作者自我反省的过程和体验:夜深人静之时,独坐审视自己。排除一切妄念,发现真实的自我,并领悟到人生的真谛。但也恰是这时候,发现那些虚妄的念头难以逃遁,又让自己觉得羞愧。这里也可以这样说,作者在“夜深人静,独坐观心”时所表现出的这种矛盾与挣扎,是其道德修养臻于完善的必然过程。

一九六

恩里[1]由来生害,故快意时须早回头;败后或反成功,故拂心处切莫放手。

〔注释〕

①恩里:承恩、恩惠,蒙受好处。

〔译文〕

身在恩泽之中,往往是生出祸害的根由,所以,称心如意时必须尽早回头;遭遇失败之后,或许反而会走向成功,所以不顺心时千万不要轻易放手。

〔点评〕

在承恩遇宠、春风得意时要保持清醒的头脑,懂得谨慎从事,急流勇退;在境遇不顺、遭遇挫折时仍能看到希望,不灰心丧气,不轻言放弃。这是做人处世的基本法则,是被多少人反复验证了的人生真理,这也是月盈则亏、月缺则圆包含的人生道理。《老子》说:“祸兮福之所倚,福兮祸之所伏。”就是想告诫人们,要辩证地看待一切事物、际遇,顺境时要保持警惕,逆境中也不要轻易放弃。

一九七

藜口苋肠者[①],多冰清玉洁;衮衣玉食者[②],甘婢膝奴颜。盖志以淡泊明[③],而节从肥甘[④]丧矣。

〔注释〕

①藜(lí)口苋(xiàn)肠者:指贫苦百姓。藜、苋,皆为野菜,贫苦人家以此充饥。所以“藜苋”泛指贫者所食之粗劣菜蔬。

②衮衣玉食者:指达官显宦。衮衣,古代帝王及王公穿的绣有卷龙的礼服。玉食,精美的食物。

③志以淡泊明:看轻名利,才能明确自己的志向。诸葛亮《诫子书》:“非淡泊无以明志,非宁静无以致远。”

④肥甘:美味之物。指物质享受。

〔译文〕

藜苋果腹的穷苦人,大多具有冰清玉洁的品行;华服美食的权贵们,往往甘愿做出卑躬屈膝的媚态。这大概就是,高远的志向因淡泊无求的人生态度而明确坚定,而高尚的节操却会在肥美甘甜的享受中丧失。

〔点评〕

甘于生活贫困的人，大多品行高尚，而那些华服美食之人，往往为保禄位而卑躬屈膝，人格低下。这种简单地以贫富论人品的观点也许并非合理，但未必没有揭示生活的真相。其实作者所强调的还是一种生活态度：宁愿生活清苦一些，也要保持自己的冰清玉洁；宁愿拒绝华服美食的生活，也不去卑躬屈膝，丢弃节操。这种生活态度还是应该肯定的。

一九八

面前的田地①要放得宽，使人无不平之叹；身后的惠泽②要流得长，使人有不匮③之思。

〔注释〕

①田地：地方、处所。这里指心田、心胸。

②惠泽：恩泽、德泽。

③不匮(kuì)：不缺乏、不枯竭。《诗经·大雅·既醉》："孝子不匮，永锡尔类。"

〔译文〕

生前处世，待人心胸要放得宽厚平和些，让别人没有不平的怨叹；人死之后，留给后人的恩泽要能够流传久远，让后人有无尽的思念。

〔点评〕

生前对人要宽厚平和，不要使人对自己有怨气；身后要给人留下长久的惠泽,让人长久地怀念。生前勿使人生怨,这种情况不必多说,那么“身后的惠泽要流得长”,这种“惠泽”是指什么?显然不是金银财宝,而是高尚的人格和美好的德行,这种高尚的人格和美好的德行,才是可以长久惠泽后人的。

一九九

路径窄处,留一步与人行;滋味浓的,减三分让人嗜。此是涉世一极乐法①。

〔注释〕

①极乐法:指最好、最快乐的办法。“极乐”指阿弥陀佛居住的世界。《阿弥陀经》:“从是西方过十万亿佛土,有世界名曰极乐。……其国众生,无有众苦,但受诸乐,故名极乐。”

〔译文〕

路径狭窄的地方,要留出一步之地让别人行走;滋味浓醇的食物,要少吃三分让别人尝尝。这是一个为人处世获得最大快乐的好办法。

〔点评〕

“留一步与人行”“减三分让人嗜”,这可不是高大上的说教,而是细微处见精神了。人都生活在社会群体中,在不失原则的前提下,遇事多为别人想想,给别人留出路子,自己的路子才会越走越宽;反过来,如果事事只顾自己,不管别人的感受,让周边的人都不舒服,那么最终不舒服的很可能就是我们自己。现代社会的分工越来越精细复杂,人们的交往越来越频繁,就更需要这种做事多考虑别人感受的合作精神。

二〇〇

作人无甚高远的事业，摆脱得俗情[1]便入名流；为学无甚增益[2]的功夫，减除得物累便臻圣境[3]。

〔注释〕

①俗情：世俗之人追逐利欲的意念。

②增益：增加、积累。

③"减除"句：物累，心为外物所拖累，指心中的物欲。臻（zhēn），达到（美好的境地）。圣境，这里指为学修身的至高境界。

〔译文〕

做人并不一定干出崇高远大的事业，能够摆脱凡俗的欲念，就可以跻身达士、名流的行列；做学问也没有快速长进的捷径、秘诀，能够减除物欲的拖累，就可以达到超凡入圣的境界。

〔点评〕

做人不一定要有远大的目标，成就宏伟的业绩，因为能做出一番轰轰烈烈事业的人毕竟太少了，只要能够摆脱心头的各种俗念，就具有了名士风采；做学问也没有捷径可走，只要能排除名利的诱惑和物欲的拖累，保持宁静的心情和从容的步履，就可以逐步达到很高的境界。即做人要摆脱一般人的欲念，做事要超脱物的牵绊。

二〇一

宠利[1]毋居人前，德业[2]毋落人后，受享毋逾分外[3]，修持毋减分中。

〔注释〕

①宠利:恩宠和利禄。

②德业:德行与事业。

③受享毋逾分外:受享,接受与享用。分外,本分之外。

〔译文〕

恩宠和利禄不要抢在别人前面,德行和功业不要落在别人后头,接受和享用不要超出本分,修身和操行不要降低标准。

〔点评〕

攀比和名利之心,人皆有之,那么怎样面对这方面的问题?作者连用四个"毋"字,谈了四项原则:与人"攀比",恩宠利禄不抢在别人前面,德行功业不落在别人后头;物质享受不超出本分,持身操行不降低标准。简单说就是,德业修持上标准要高,利禄享受上标准要低。作者在宠利、德业、受享、修持这四方面的"四毋"定位,体现的是儒家的进取精神和荣辱观。

二〇二

处世让一步为高,退步即进步的张本①;待人宽一分是福,利人实利己的根基。

〔注释〕

①张本:为事态的发展预先做的安排。

〔译文〕

为人处世,懂得退让一步才算高明,退步正是为进步预先做的准备;待人接物,能够宽容一分才是福气,与人便利其实正是为自己便利打下基础。

〔点评〕

这里所说的是佛家的"忍",也含有儒家所提倡的"恕"的观念。退让一步,宽容一分,就能把自己的善念传递给别人,长此以往就能以心换心,赢得别人的尊重。这也是中国人的传统。所以说,懂得忍让退步,待人宽容仁慈,有利于别人,也有利于自己,更有利于社会和谐。人们常说的"忍一时风平浪静,退一步海阔天空"就是这个道理。

二〇三

盖世的功劳,当不得一个"矜"①字;弥天②的罪过,当不得一个"悔"字。

〔注释〕

①矜:骄傲自满、自负自傲。

②弥天:满天,形容极大。

〔译文〕

纵然有压倒当世的奇功,如果骄傲自满、居功自傲,功劳也会化为乌有;即使犯下弥天的大罪,如能真心忏悔、洗心革面,也有重新做人的机会。

〔点评〕

对待功劳和过错,应该是“功而不矜,过而知悔”。功劳再大,一旦居功自傲,不但盖世之功将化为乌有,还有可能会酿成大祸,历史上这样的例子不胜枚举。如果犯了错,也不是不能挽回,“过而能改,善莫大焉”,只要真心忏悔,就可以改正过错,重新做人。

二〇四

完名美节①不宜独任,分些与人,可以远害全身②;辱行污名不宜全推,引些归己,可以韬光养德③。

〔注释〕

①完名美节:完美的名声和高尚的节操。

②远害全身:远离祸害,保全自身。

③韬光养德:隐藏光彩,涵养德行。韬光,掩盖光泽,喻掩饰自己的才华。韬,本义是剑鞘,引申为掩藏。

〔译文〕

完美的名声、高尚的节操不适合一个人独享,分一些给别人,可以避免祸害、保全自身;羞辱的行为、污秽的名声不应全推给别人,自己承担一些,可以敛藏光芒、涵养德行。

〔点评〕

三国时期魏国文学家李康的《运命论》中说:“木秀于林,风必摧之;堆出于岸,流必湍之;行高于人,众必非之。”完美的名声人人喜欢，但是不能独占，分一些给别人，这样才不会让自己因名声过盛而遭人忌恨；辱行污名人人避之唯恐不及，但是不能全推到别人身上，自己主动承担一些，可以掩藏光芒。作者这种完名不独任、辱行不全推的处世原则，其实质是一种圆融处世之道。

二〇五

事事要留个有余不尽的意思，便造物[①]不能忌我，鬼神不能损我。若业必求满、功必求盈者，不生内变，必招外忧。

〔注释〕

①造物：指天地及自然界的神秘力量。古人认为万物都是由神秘的自然力量创造的。《庄子·大宗师》："伟哉夫造物者，将以予为此拘拘也。"

〔译文〕

做每一件事，都要留个"有余地、不穷尽"的想法，这样即使造物主也不能忌恨我，鬼神也不能损伤我。倘若事业必求圆满无缺，功德必求充盈完美，即使不因此而发生内乱，也必然因此而招致外患。

〔点评〕

世上没有绝对的事情，做人做事也不要太绝对，一定要留有余地。留有余地，就是给他人留出了伸展演进的空间，也不至于使自己陷入进退维谷的两难境地，所以做事留点儿余地，于己是一种进退自如的方法技巧，于人则是一种道德修养。至于"业必求满、功必求盈”，则是忘记了“盈则亏，满则溢”的道理，“生内变”“招外忧”也就在所难免了。

二〇六

家庭有个真佛[1]，日用有种真道。人能诚心和气，愉色婉言，使父母兄弟间形体两释[2]，意气交流[3]胜于调息观心[4]万倍也。

〔注释〕

①真佛：真正的佛，这里指修养高深的智者。

②形体两释：指人与人之间没有身体外形上的对立，能够和睦相处。形体，有形的肉体。

③意气交流：人与人之间心意互通、互相影响。

④调息观心：本是道家养生之法。这里指观察自己的内心，就是反省自己。

〔译文〕

家庭中有一个修行很高的人，日常生活中有遵循的原则。人人都能真心诚意、神态和气、精神愉悦、言辞温婉，这样就能使父母兄弟之间没有隔阂、心意相通，其效果比调息静坐、观心反省好上一万倍。

〔点评〕

《礼记·大学》里说“欲治其国者，先齐其家”，作者在此就是谈“齐家”之策。那么怎样齐家？作者先说了两个基本条件：一是要有个德行很高的当家人（真佛），二是生活中要有共同遵循的原则(真道),然后就是沟通相处的技巧:诚心、和气、愉色、婉言。且不说古代社会那种成员众多、关系相对复杂的大家庭,即使是现代社会的三五口之家,“诚心、和气、愉色、婉言”的八字诀,对于构建和谐的家庭关系,仍然十分重要。其实,“齐家”真不是件小事,只有每个家庭都和谐、和睦,这个社会才能进步!

二〇七

攻人之恶[①]毋太严,要思其堪受[②];教人以善毋过高,当使其可从[③]。

〔注释〕

①恶:这里指缺点、隐私。

②堪受:能够承受、接受。

③可从:意思是遵从、跟从。

〔译文〕

指责别人的缺点、错误不要过于严厉,要想想他是否能够承受;教育别人行善事不能要求过高,应当使他能够接受、遵从。

〔点评〕

这里谈教育他人的技巧:批评别人不能过于严厉,要考虑他的承受能力,如果超出了他的承受能力,他就会产生逆反心理,结果事倍功半,甚至是适得其反。引导他人向善要循序渐进,不要一下子把目标定得太高,要让别人觉得能够做到,便于跟从。作者这番话的实质,是站在被教育者的角度上思考问题,也是“恕”道的体现。

二〇八

粪虫至秽,变为蝉,而饮露于秋风①;腐草无光,化为萤,而耀采于夏月②。故知洁常自污出,明每从暗生也。

〔注释〕

①“粪虫”二句:粪虫,俗称“屎壳郎”,形状和蝉相似。秽,脏臭的东西。蝉,又名知了,幼虫在土中吸树根汁,蜕变成蛹后而登树,再蜕皮成蝉。饮露于秋风,蝉不吃普通的食物,只饮露水为生,古代以此为高洁的象征。其实蝉的幼虫不是粪虫,这里只是比喻。

②“腐草”二句:萤火虫在水边的草根中产卵,幼虫入土化蛹,次年春天变为成虫,自草中飞出,所以古人误以为萤火虫是由腐草变化而成。《礼记·月令》:“季夏之月,腐草化为萤。”

〔译文〕

粪土中的虫子最为污秽,一旦蜕变成蝉,却只在秋风中吸饮清露;腐败的草堆暗淡无光,化生出的萤火虫,却能闪闪发光媲美夏月。由此可知,高洁常常出自污秽,明亮每每生于黑暗。

〔点评〕

作者这里是以蝉和萤火虫做比喻,来谈论人应该怎样面对污浊、艰难的环境。如果处于污秽不堪的环境中,就要像蝉那样高风亮节,像荷花那样出淤泥而不染;如果身处艰难困苦之中,就要坚定信念,排难克艰,像“腐草化萤”那样,最终发出自己的光芒。

二〇九

矜高倨傲①,无非客气②。降伏得客气下,而后正气伸。情欲意识③,尽属妄心④。消杀得妄心尽,而后真心现。

〔注释〕

①矜高倨傲:矜高,自夸自大。倨傲,态度傲慢。

②客气:宋代程朱理学认为,心乃性之本体,发乎血气的生理之性为客气。与客气相对应的是以心为本体的义理,也就是下文所指的“正气”。

③情欲意识:情欲,欲望、欲念。意识,心理学上指精神觉醒状态,知觉、记忆、想象等精神现象都属于意识范畴。

④妄心:指人的本性被幻象所蒙蔽。妄,虚幻不实。《辞海》注:“海水常住不变,是为真;波浪起伏无常,是为妄。众生之心,对境妄动,起灭无常,故皆是妄心。”

〔译文〕

骄傲自大、态度傲慢,无非是私欲、妄念占了上风。降伏了内心里的妄念私欲,浩然正气才能得到伸张。私心杂念、七情六欲,都是由各种荒诞之想、虚妄之念造成的,把这些虚幻无常的想法清除干净,人的善良本性就会显现出来。

〔点评〕

此处告诫人们,要进行严格的自律自励。人之所以会产生“矜高倨傲”“情欲意识”,都是由于“客气”和“妄心”作祟,一定要“降伏得客气下”“消杀得妄心尽”,人的“正气”和“真心”就能得以显现和伸张。这种严格的自律自励，对于一个试图成就一番事业的人来说，是必不可少的意志品质。

二一〇

饱后思味，则浓淡之境都消；色后思淫，则男女之见尽绝。故人当以事后之悔悟，破临事之痴迷[①]，则性定而动无不正[②]。

〔注释〕

①痴迷：心中只想一事一物叫迷。痴迷是指不能对事物做出全面、明智的判断，而全身心投入某一事物。

②性定而动无不正：人的本性安定不动，行为就无不合乎“天理”的要求了。“性”作为中国古代一个哲学命题，从孔子开始，一直是各家各派十分关注的，如著名的性善性恶说。这里说的“性”显然是性善说。

〔译文〕

酒足饭饱之后再回味美味佳肴，香浓、寡淡的感觉全都消失了；美色情欲满足之后再思淫邪之事，男欢女爱的念头全都断绝了。所以，人们应当用事后的悔悟之心，来破除新的事到临头时的执迷不悟，那么就能心性坚定，所做的举动无不合乎天理要求了。

〔点评〕

事到临头时要用事后反思、悔悟的心态提醒自己，避免出现新的执迷不悟。美食也好，美色也罢，得不到时可能痛苦，得到之后不过尔尔，再想想过程中所失去的东西，就会感觉空虚乃至荒唐。经常这样提醒自己，再遇到新的诱惑时，就能心性坚定，行动就能符合理性要求。

二一一

居轩冕之中①,不可无山林②的气味;处林泉之下,须要怀廊庙的经纶③。

〔注释〕

①轩冕:指处在显位上的达官贵人。轩即轩车,冕是冕服。

②山林:这里指田园风光或闲居山野。与下文的“林泉”均比喻隐退。

③廊庙:古代帝王和大臣议政的地方,后称朝廷为廊庙。

〔译文〕

高车冕服、身居要职的时候,不能没有隐逸山林的淡泊情怀;身处山林泉石之间的时候,也要怀有安邦定国的抱负、才能。

〔点评〕

身居要职的时候,心里要有归隐山林的逸然情趣;深处山林之中,又要有安邦定国的情怀,这就是传统士子的双重人格。身居高位的时候,保持几分山林雅趣,就不会把金钱和地位看得那么重要;身处山林之中,仍然怀有治理国家的远大抱负,这既表现了忧国忧民的情怀,也是自身价值的具体体现。前一种心态是“以出世之心,行入世之事”,后一种则是“处山林之远,怀庙堂之志”,这种心态的实质,是士大夫“独善其身”与“兼济天下”的高度融合。

二一二

处世不必邀功,无过便是功;与人不要感德,无怨便是德。

〔译文〕

处世不必谋求建立多大功劳,没有过错就是功劳;与人交往不要希求别人感恩戴德,没有怨恨就是恩德。

〔点评〕

这种“无过便是功”“无怨便是德”的观点是一种宽仁待人的思想,这样随自己的本心做事,不在意事情的结果,不关心别人的评价,确实能让自己活得更轻松自如。如果做事就想着要建立多大功业,为他人付出一点儿就想着让人感恩戴德,那么实质还是自己在追逐名利,这样不仅会活得很累,往往还会很失望。

二一三

忧勤是美德①,太苦则无以适性怡情②;淡泊是高风,太枯③则无以济人利物。

〔注释〕

①忧勤:忧愁而劳苦。多指帝王或朝廷为国事而忧虑勤劳。

②适性怡情:顺适天性,使心情愉悦、精神愉快。

③枯:已经丧失生机的树木。这里指枯燥、不近人情。

〔译文〕

忧心操劳是一种美好的品德,可是如果过于劳苦,就不能顺适天性、怡悦心情;淡泊名利是一种高尚的风范,可是如果过于冷漠枯燥,就不能救助别人、益于世事。

〔点评〕

这是辩证地看待事理的观点，意在告诉人们做人行事要把握好“度”，如果把握不好“度”，好事也可能变成坏事。做事殚精竭虑是美德，但如果把自己弄得心力交瘁，生活就没有了乐趣；淡泊名利是高风亮节，可是如果对物质财富兴趣全无，那怎么能救助别人、裨益社会？孔子说“过犹不及”，也是这个意思。

二一四

事穷势蹙之人[①]，当原其初心[②]；功成行满之士，要观其末路[③]。

〔注释〕

①事穷势蹙(cù)：势态紧迫，穷途末路。蹙，紧迫。

②原其初心：寻求初意本心。

③末路：最后一段路程。这里指结局、下场。

〔译文〕

对于那些势态紧迫、穷途末路的人，应当体察他们当初的本心是好是坏；对于那些功成名就、行为圆满的人，应当观察他们最终能否保持晚节。

〔点评〕

对于那些失败者和成功者，作者说要“原其初心”“观其末路”，就是我们平常所说的“不以成败论英雄”。对于失败者，要看他最初的动机是什么，如果起初他就居心不良，那当然不值得同情；如果他最初的动机良善，那就应该给予同情与尊重，不能落井下石。对于成功者，应该观察他今后如何行事，如果居功自傲、晚节不保，最终将会走向成功的反面。

二一五

富贵家宜宽厚而反忌克[①]，是富贵而贫贱，其行如何能享？聪明人宜敛藏[②]而反炫耀，是聪明而愚懵[③]，其病[④]如何不败！

〔注释〕

①忌克：妒忌刻薄。

②敛藏：深藏不露。敛，收、聚。

③懵：心神恍惚，不明事理。对事物缺乏明确的认识和正确的判断。《说文》："懵，不明也。"

④病：缺点、错误、损害。

〔译文〕

富贵之家本应该宽厚仁慈，反而对人妒忌刻薄，这样的富贵人家所表现出的都是贫贱相，这种行为怎能长久地安享富贵？聪明之人应该敛藏才华，反而卖弄炫耀，这种表面上的聪明而实际上是愚昧的毛病不改怎能不遭遇失败？

〔点评〕

这里谈怎样正确对待自己拥有的财富和才华。拥有很多财富的人家却对人妒忌刻薄，那么他不可能长久地安享富贵，为富不仁，终将自食恶果。一个人很有才华，这本来已经很让人羡慕了，如果他不知敛藏反而卖弄炫耀，那么他只能招人嫉恨，最终将自己置于危险境地，这种“聪明反被聪明误”的例子太多了。

二一六

待小人[①]不难于严，而难于不恶[②]；待君子不难于恭，而难于有礼。

〔注释〕

①小人：这里指品行不端的人。“小人”与“君子”是一组对立概念。

②恶(wù)：憎恨、厌恶、得罪。

〔译文〕

对待人格卑鄙、品行不端的小人，不难在对他们严厉，而难在从心里不厌恶他们；对待品德高尚、行为端正的君子，不难在做出恭恭敬敬的样子，而难在真正对他们以礼相待。

〔点评〕

待人之术中人们常说的一句话，叫“亲君子，远小人”。对待“小人”，大多数人的做法是与之划清界限，表现得对其不屑一顾，尽可能少交往或不交往。做到这些并不难，如果也能做到从心里并不厌恶“小人”，那就真的不容易了。其实，只有既坚决与之划清界限，心里又不厌恶他们，才是最好的“远小人”之策。对于“君子”，一般人都很容易做到恭恭敬敬，但是如果这种恭敬不符合礼数，就会有逢迎讨好之嫌。所以，对待君子既要恭敬，又要符合应有的礼数，这样才是真正会“亲君子”。

二一七

宁守浑噩而黜聪明[①]，留些正气[②]还天地；宁谢纷华而甘淡泊，遗个清名在乾坤[③]。

〔注释〕

①“宁守浑噩”句：浑噩，指人天真、朴实的本性。黜(chù)，摒除。

②正气：刚正的气节、操守。下文的“清名”是指清正廉明的名声。

③乾坤：天地、阴阳。这里是指人世间。《易·说卦》：“乾，天也，故称乎父；坤，地也，故称乎母。”

〔译文〕

宁愿保持自然纯真的本性，抛弃聪明智慧，以便保留浩然正气还于天地；宁愿谢绝富丽繁华的诱惑，甘于淡泊宁静的生活，也要留个清白名声在世间。

〔点评〕

这里说的是自己立身涉世的原则，表现了作者对名节的看重。宁可抛弃聪明才智，也要保持淳朴自然的本性，保持天地间的浩然正气；甘愿过那种淡泊宁静的生活，也要谢绝世俗诱惑，在世间留个清白名声。作者所说的这个原则，且不论有多少人能真正做到，但我们不能否认，这确是一种做人的崇高境界。

二一八

降魔[①]者先降其心，心伏则群魔退听[②]；驭横[③]者先驭其气，气平则外横不侵。

〔注释〕

①降魔:降伏魔障。这里指降伏各种私心欲念。魔,梵文 Māra 的音译,魔罗的略称,意译为“扰乱”“障碍”等。佛教中指能扰乱身心、障碍善法者。神话传说中指害人性命、迷惑人的恶鬼。

②退听:退让服从。

③驭横:驾驭蛮横者。驭,控制、统治的意思。

〔译文〕

要降伏行动上的妖魔,先要降伏内心里的邪念,心中的邪念被降伏,则一切妖魔都会退让服从;要驾驭住各种蛮横的举动,先要控制浮躁的意气情绪,自己的意气情绪平顺之后,蛮横之举自然无法侵入身心。

〔点评〕

“魔”有千万种,私欲膨胀、贪图虚名等都是“魔”,只要把自己内心里的贪欲、邪念降伏了,其他的“魔”都不再是问题;人有时候会表现出蛮横,这种外在的蛮横,源自内心的浮躁情绪,只要把心气控制平顺了,蛮横就无从表现。“降魔”也好,“驭横”也罢,其实作者强调的还是“修心”。

二一九

养弟子[①]如养闺女,最要严出入、谨交游。若一接近匪人[②],是清净田中下一不净的种子,便终身难植嘉苗矣。

〔注释〕

①弟子:此处指学生、徒弟。

②匪人:不符合要求的人。匪,同“非”。

〔译文〕

教养学生、徒弟如同养育未出闺阁的女儿,最重要的是严格把控收徒和结业的标准,让他们谨慎对待和自己交往的朋友。倘若不慎收下一个品行不端之人,就像清洁纯净的田野中播下一粒不干净的种子,便一辈子都难栽培出好苗子了。

〔点评〕

作者提出,收徒的关键是要“严出入、谨交游”。孔子说过:“视其所以,观其所由,察其所安,人焉廋哉? 人焉廋哉?”(《论语·为政第二》)人都是一定环境下的产物,所以古人说“近朱者赤,近墨者黑”,特别是年轻人,由于他们的心智还不成熟,辨别是非的能力不足,其行为习惯、价值观念,更容易受客观环境的影响。所以,一旦收下一个行为不端的学生,播下了不良的种子,就不可能长出好的苗子了。

二二〇

欲路上事[①],毋乐其便而姑为染指[②],一染指便深入万仞[③];理路[④]上事,毋惮其难而稍为退步,一退步便远隔千山。

〔注释〕

①欲路:各种“人欲”的统称,包括物欲、情欲等。

②染指：获取非所应得的利益，参与某种不正当的事情。

③万仞(rèn)：形容极高或极深。仞，古代长度单位，七尺为一仞（也说八尺为一仞）。

④理路：泛指义理、真理、道理等。

〔译文〕

欲念方面的事，不要贪图、喜欢它的便利而随意沾染，因为一旦稍有沾染，便会坠入万丈深渊；道义方面的事，不要因为畏惧困难而稍有退步，因为一旦退步不前，便与真理远隔万水千山。

〔点评〕

“欲”与“理”，是理学中重点讨论的问题，朱子理学更是提出要“存天理，灭人欲”。其实，人欲与生俱来，灭不掉，也不应该灭，就像作者在前面第三五条说的：“欲之公处即为理，舍欲则理不可明”。本条中作者说“毋乐其便而姑为染指”，也是告诫人们不要轻易放纵自己的欲望，也不要在求“理”的路上有畏难情绪，即要始终“慎独”，不要片刻“畏难”。

二二一

念头浓[1]者自待厚，待人亦厚，处处皆厚；念头淡者自待薄，待人亦薄，事事皆薄。故君子居常嗜好不可太浓艳，亦不宜太枯寂[2]。

〔注释〕

①念头浓：念头、想法、动机强烈。与念头淡相对而言，前者指干什么

都热情关注，后者相反，万事淡薄。

②枯寂：枯萎寂灭。

〔译文〕

热心肠的人对待自己优厚，对待别人同样优厚，处处讲究优厚，显得情意浓厚；情感淡薄的人对待自己刻薄，对待别人同样刻薄，事事吝啬刻薄，显得薄情寡义。所以，有道德修养的人平时爱好不可以过于沉迷、奢华，也不要过分枯寂、淡漠。

〔点评〕

对待生活热情洋溢的人，懂得善待自己，也知道善待别人；对待生活感情淡漠的人，对待自己刻薄，对待别人也刻薄。前一种人往往处处讲究，追求生活的排场优厚，后一种人事事小气吝啬，让人觉得毫无情义可言。其实，这两种情形也并非完全对立，也有人对待自己优厚，对待别人刻薄；对待自己刻薄，对待别人优厚。所以，君子平时的生活爱好，不追求过于浓艳奢华，也不过分枯寂寡淡。作者这里说的还是要把握好“度”，处处讲究优厚固然不对，但过于寡淡就成了刻薄。

二二二

彼富我仁，彼爵我义①，君子故不为君相所牢笼②；人定胜天，志一动气③，君子亦不受造化之陶铸④。

〔注释〕

①“彼富”二句：《孟子·公孙丑下》：“晋楚之富，不可及也，彼以其富，我以吾仁；彼以其爵，我以吾义，吾何慊乎哉？”

②不为君相所牢笼：指不被权势所限制、束缚。

③志一动气：意志若专注于某一方面，意气感情必为之转移。《孟子·公孙丑上》："志一则动气，气一则动志也。"一，集中。气，情绪、气质。

④陶铸：范土曰陶，熔金曰铸。比喻造就、培育。这里引申为限制。

〔译文〕

他有富贵，我有仁德；他有爵位，我有道义，有德行的人不会被君王权相的功名利禄所束缚。人的力量可以战胜天命，意志坚定可以改变气运，有德行的人也不受造物主的随意塑造、摆布。

〔点评〕

在此处洪氏表现出一种难得的豪迈，显然受到了孟子的影响。你有财富爵位，我有道德仁义，君王权相的恩宠、笼络，君子不去理睬；人力战胜天命，意志改变命运，造化命运的反复无常，君子不受其摆布。当然，所谓"君子故不为君相所牢笼"，很可能只是仕途受阻时的激愤之言，至于说"人定胜天"，意志可以改变命运，则是在强调人的主观意识的作用。但是，这种傲视功名利禄，希望做自己命运主人的浩然之气，还是在人生历程中充满了积极意义。

二二三

立身不高一步立，如尘里振衣、泥中濯足①，如何超达②？处世不退一步处，如飞蛾投烛、羝羊触藩③，如何安乐？

〔注释〕

①“尘里振衣”二句：尘里振衣，在灰土中抖衣去尘，尘土会越抖越多。泥中濯足，在污泥中洗脚，脚只会越洗越脏。比喻做事没有成效，白费力气。

②超达：超俗旷达，见解高明。

③“飞蛾投烛”二句：飞蛾投烛，飞蛾接近灯火，比喻自取灭亡。羝(dī)羊触藩，公羊角挂在篱笆上，比喻进退两难。羝，指公羊。藩，指竹篱笆。《易·大壮》：“羝羊触藩，羸其角。”

〔译文〕

在世上立身，如果境界不能高一步，就如同在灰尘中抖衣去尘、在泥污中清洗双脚，只会越抖越多或越洗越脏。如何才能真正超脱旷达？在世间生活，如果不懂得退一步与人相处，就如同飞蛾投向烛火、公羊以角触篱，只能是自取灭亡或进退两难，如何才能安逸、快乐？

〔点评〕

唐太宗《帝范》卷四中说：“取法于上，仅得为中；取法于中，故为其下。”人立于社会之中，目标境界不得太低，如果确定的人生目标不高，甚至鄙俗低下，就不可能达到脱俗旷达的境界。但是与人相处，就要懂得妥协、退让，如果不懂得妥协、退让，像飞蛾和公羊那样一味横冲直撞，就会让自己陷入危险境地。既要立身高远，又要放低身段，这才是智慧人生。

二二四

学者要收拾精神①，并归一处。如修德而留意于事功[②]名誉，必无实诣[③]；读书而寄兴于吟咏风雅，定不深心。

〔注释〕

①收拾精神：收拾散漫、不集中的意志。

②事功：做事所取得的功绩。

③实诣：真正的造诣。

〔译文〕

做学问要收拾起精神，集中精力，专心致志。正如修德不是为了提高自身的修养德行，而热衷于功绩及名誉，这样修德一定不会有什么真正的造诣；读书并不是为了研读圣贤之书，而是寄兴于吟诗作赋、附庸风雅上，这样读书也一定不会用心太深，不会有大的收获。

〔点评〕

修德就应该专心修德，如果声称修德却想着功绩、名声、荣誉等尘俗之事，那么修德不会有真正的造诣；读书就应该好好研读，如果读书时将注意力放在附庸风雅上，那么必定难以深入，也难有收获。无论是修德还是读书，凡是有真才实学的学者，无不是集中精神，一心一意，致力于此，下足了真功夫才求得了真学问，古今中外，概莫能外。

二二五

人人有个大慈悲[①]，维摩屠刽无二心[②]也；处处有种真趣味，金屋茅檐非两地也。只是欲闭情封[③]，当面错过，便咫尺千里矣。

〔注释〕

①慈悲：原为佛教用语，指能够给人快乐，消除他人的苦难。慈悲是佛道之根本，亦泛指慈爱与悲悯。

②维摩屠刽无二心：维摩，佛名，“维摩诘”的省称。《维摩诘经》中说他和佛祖释迦牟尼同时，是毘(pí)耶离城中的一位大乘居士。尝以称病为由，向释迦遣来问病的舍利弗和文殊师利等宣扬教义，文殊对他十分崇敬。后常用以泛指修大乘佛法的居士。屠刽，屠夫和刽子手。

③欲闭情封：指常人的佛性被种种欲念封闭住了。欲，贪欲。情，情欲。

〔译文〕

每个人都有大慈大悲之心，维摩居士和屠夫、刽子手并没有两种截然不同的心性；人间处处都有真正的情趣意味，金屋玉栋和茅屋草舍并不是两种截然不同的境地。只是人心被欲望和私情封闭，以至于当面错过了慈悲之心和真正情趣，便造成虽然近在咫尺，却又远隔千里。

〔点评〕

人人都是佛，处处有真趣。佛在每个人的心中，对弱者、对他人的同情、怜悯和关怀这些人类固有的良知，都闪耀着佛性的光辉，从这个角度说，得道精深的维摩居士与屠夫、刽子手，他们的心性并没有本质的不同。金屋玉栋和茅屋草舍虽有不同，但并不是截然相反的境地，只要人心不被欲望和私情所封闭，就能从中分别获得真正的情趣意味。人人都有同情、悲悯之心，都有成佛的心性，这一点容易做到，但要做到“金屋茅檐非两地”，确实有些难。

二二六

进德修行，要个木石[①]的念头，若一有欣羡，便趋欲境；济世经邦，要段云水[②]的趣味，若一有贪着[③]，便堕危机。

〔注释〕

①木石：树木和山石。比喻无知觉、无感情之物。

②云水：云与水。禅林称行脚僧为云水，以其到处为家，如行云流水，漂泊无定。黄庭坚诗："淡如云水僧。"

③贪着（zhāo）：贪图荣华富贵的念头。着，下棋时落一子或走一步叫一着。这里引申为念头。

〔译文〕

增进德行、修养品行，必须有一个木石般坚定不移的信念，倘若对名利、权位稍有一丝喜欢、羡慕之情，便会走向被物欲所累的境地；经世济人、兴国安邦，必须有一段行云流水般毫无挂碍的志趣情怀，倘若对功名利禄稍有一点儿贪恋的念头，便会堕入危机之中。

〔点评〕

要像木头、石块那样心无旁骛、坚定不移地对待个人进德修行；要用行云流水那样的飘忽不定、无所挂碍，去看待济世经邦的功业。对进德修行有坚定不移的心念，才能不被物欲所累；对济世经邦有行云流水般的情怀，才不会贪恋功名利禄。这里强调进德修行之重要，事业功勋则为次。说到底，这里的“木石的念头”和“云水的趣味”，还是传统士子对个人修养的重视以及对功名利禄的淡然。

二二七

肝受病则目不能视，肾受病则耳不能听。病受于人所不见，必发于人所共见。故君子欲无得罪于昭昭①，先无得罪于冥冥②。

〔注释〕

①昭昭：明亮、明白、显著。这里引申为公开。

②冥冥：昏暗的样子。这里引申为私下、暗中。

〔译文〕

肝脏遭受损伤，眼睛就看不见东西；肾脏遭受损伤，耳朵就听不见声音。疾病虽然作用于人所看不见的地方，症状却一定表现在人所共见的地方。所以，君子要想无罪于光天化日之下，首先要做到无错于人们难以察觉的地方。

〔点评〕

“肝开窍于目”“肾气通于耳”，是重要的中医理论，所以中医认为，如果一个人的视力或听力减退，排除外力作用的话，很可能是肝脏或肾脏出了问题。作者在这里以这种发病机理为例告诫人们，要想在明处不获罪，首先就要在人们看不到的地方不犯错，就是人们常说的要“慎独”。

二二八

福莫福于少事①,祸莫祸于多心②。惟苦事者方知少事之为福,惟平心者始知多心之为祸。

〔注释〕

①少事:这里指没有烦心的琐事。

②多心:这里指猜忌、疑神疑鬼。

〔译文〕

没有什么幸福比少有烦心琐事更幸福的,没有什么祸患比猜忌、多疑更招祸的。只有那些为琐事奔波劳苦的人,才知道轻闲无事是多么幸福;只有那些持心公平正义的人,才知道疑神疑鬼会带来多大的灾祸。

〔点评〕

追求幸福,躲避灾祸,是人们共同的愿望,作者说,人最大的幸福是少事,最大的祸患是多心。这个说法还真的很有见地,人们总是做得太多,为了财富、权力、荣誉整天忙碌奔波,即便得到了,连静下来好好体会一下的心情都没有,这个时候如果能少一些烦心事,那真的是一种难得的幸福。至于多心是最大的祸患,那更无须多言,整天疑神疑鬼,除了把人际关系弄得一塌糊涂,也会把自己弄得心烦意乱,焉有不祸之理?

二二九

处治世宜方①,处乱世当圆②,处叔季之世当方圆并用[3];待善人宜宽,待恶人当严,待庸众之人宜宽严互存。

〔注释〕

①治世宜方:治世,太平盛世。方,指品行端正。

②乱世当圆:乱世,指动荡不安的时代。圆,圆润,随机应变。

③叔季之世:衰乱将亡的世代。古人以伯、仲、叔、季代表长幼顺序,叔、季排在最后,故指代末世。《左传》:“政衰为叔世”“将亡为季世”。

〔译文〕

生活在政治清平的盛世,为人处世应当正直端方;生活在动荡不安的乱世,为人处世应当委婉圆滑;生活在衰乱将亡的时代,应当方圆相济,灵活运用。对待心地良善的人,应当宽和厚道;对待邪恶奸佞的人,应当义正词严;对待一般的人,应当宽严交互、恩威并用。

〔点评〕

这里谈了两方面:一是处世之策,二是待人之术。处世应该根据盛、乱、叔、季等不同的世道时局,灵活选用或方或圆或方圆并用的处世之策;待人要根据善、恶、庸众等不同的对象,分明采用宽、严、交互并用等不同的待人之术。所处的时代、所要面对的人,我们往往无法选择,但我们可以根据具体情况,灵活采用不同的方式来应对。这既是自保之术,也是应世之策。

二三〇

我有功[1]于人不可念,而过[2]则不可不念;人有恩于我不可忘，而怨则不可不忘。

〔注释〕

①功：这里指对他人有恩或有帮助。

②过：这里指对他人有冒犯或犯有过错。

〔译文〕

我对别人有过帮助、恩惠，不可念念不忘，但是我对别人犯下的过错却不可不牢记在心；别人对我有过帮助、恩泽，我永远不可忘记，但是别人对我的怨恨却不可不彻底忘记。

〔点评〕

怎样处理人际关系，是每个人都应该对待的课题。在我与人、人与我的是非恩怨中，我们应该记住什么、遗忘什么？作者在本条谈了一个要诀：自己对待别人“忘功不忘过”；别人对待自己“忘怨不忘恩”。自己对别人有过帮助，不要老是记在心里，而自己做过的对不起别人的事，要永远牢记；别人有恩于我，要知恩图报、永远铭记，而别人对我的怨气，则尽快把它彻底忘记。试想，以这种方式对人、律己，何患处理不好人际关系？古人云：“人之有德于我也，不可忘也；吾有德于人也，不可不忘也。”（《战国策·唐雎说信陵君》）此言信哉。

二三一

心地干净，方可读书学古。不然，见一善行，窃以济私[①]；闻一善言，假以覆短[②]。是又“藉寇兵而赍盗粮”[③]矣。

〔注释〕

①窃以济私：偷偷用来满足自己的私欲。

②假以覆短：借名言佳句掩饰自己的过失。假，凭借。

③藉(jiè)寇兵而赍(jī)盗粮：给敌寇供应兵器，给盗贼运送粮食，比喻做危害自己的蠢事。《战国策·秦策》："此所谓藉贼兵而赍盗食者也。"藉，借。兵，兵器。赍，付与，把东西送给别人。

〔译文〕

心地纯洁、干净的人，方可以读圣贤之书，学古人言行。不然的话，看见古人的一种美好品行，就窃取过来借以图谋私利；听到古人的一句美善言辞，便假借它来掩饰自己的短处。这就又成了给敌寇供应兵器、给盗贼运送粮食了。

〔点评〕

作者的观点是，只有心地纯洁的人才可以读书学古，心地不纯洁的人读书学古，"见一善行，窃以济私；闻一善言，假以覆短"，那只能是"藉寇兵而赍盗粮"，用现在的话调侃就是"流氓不可怕，就怕流氓有文化"。可是作者忽略了一个问题：让谁读书不让谁读书，这不是我们所能左右的，读书是每个人的权利。我们应该寄希望于通过读书，充实人们的智慧，洗涤人们的心灵，提高人们的素养，让心地纯洁者更纯洁，让心地阴暗者趋于光明。

二三二

奢者富而不足，何如俭者贫而有余；能者劳而伏怨[1],何如拙者逸而全真[2]?

〔注释〕

①劳而伏怨:劳,劳苦。伏怨,潜藏的怨恨。

②逸而全真:道家用语。安闲而能保全本性的意思。

〔译文〕

奢侈浮华、挥霍浪费的人,财富再多也终会有匮乏不足的那一天,哪比得上节俭持家的人,虽然贫困一些但还能有所节余。能力出众、本领高强的人,常常因为操劳忙碌而潜伏着怨恨心理,这样还不如那些拙笨无用的人,能保持安逸而又浑朴的本性。

〔点评〕

一个人、一个家庭生活得好不好,决定因素往往不是物质财富的多少,而是不同的生活方式与生活态度,如果奢侈浮华,财富再多终会有挥霍一空的那一天,还不如贫困人家节俭着过日子。人的能力天赋是有差别的,现实生活中有些人付出很多,但往往得不到人们的认可,就是因为"能者"心里潜伏着因多劳而产生的怨恨,这是付出之后的索偿心理。因此,如果"劳而伏怨",那么所有的"多劳"都可能无益,还不如"拙者"不劳。也许你感觉这不公平,那么请你换个角度想一想:谁愿意接受你的怨恨,谁愿意看你盛气凌人的样子?

二三三

读书不见圣贤,如铅椠佣[1];居官不爱子民,如衣冠盗[2];讲学不尚躬行,如口头禅[3];立业不思种德,如眼前花。

〔注释〕

①铅椠(qiàn)佣:古代的抄书工。铅,铅粉笔。椠,书版。古代削木为牍,未经书写的素牍称椠。

②衣冠盗:穿着士大夫衣服的强盗。古代士以上戴冠,衣冠代指士大夫。

③口头禅:本是佛教用语。不能领会禅宗哲理,只袭用它的某些常用语以为谈话的点缀,称之为"口头禅"。后来指经常挂在嘴边并无实际意义的词句。

〔译文〕

研读经书却不能领悟圣贤的要旨,这就像是只会抄书而不解其意的佣工;身居官位却不爱护治下的百姓,这就像是穿戴官服官帽的强盗;讲学论道却不能身体力行,这就像是只懂几句口头禅的和尚;建功立业却不知布施恩德,这就像眼前很快凋谢的花朵。

〔点评〕

读书要知晓圣贤之意,做官要懂得为官爱民之道,讲学论道应注意知行合一。否则,无论是读书、做官还是讲学,都是做做样子而已。更有甚者,读书可能成为抄书工,做官成了穿官服的盗贼,讲学也成了只懂几句口头禅的和尚。

二三四

人心有部真文章,都被残编断简[1]封固了;有部真鼓吹[2],都被妖歌艳舞湮没了。学者须扫除外物,直觅本来,才有个真受用[3]。

〔注释〕

①残编断简:意思是指残缺不全的书籍。编,把竹简用绳穿起来叫作编。简,把字写在竹片上叫简。这里代指物欲杂念。

②鼓吹:鼓吹乐,古代的一种器乐合奏曲,亦即《乐府诗集》中的鼓吹曲。用鼓、钲、箫、笳等乐器合奏。源于我国古代民族北狄。汉初边军用之,以壮声威,后渐用于朝廷。东汉时统领万人以上的将军才有使用鼓吹乐的资格,达不到这种级别或规格者仅得假鼓吹。这里指高雅的音乐。

③真受用:真正的好处。

〔译文〕

人心中本来有一部真正的好文章,可惜都被支离破碎的书籍封锁固塞了;有一首真正的好乐曲,可惜都被妖冶艳丽的歌舞遮盖淹没了。做学问的人必须扫除身外之物的干扰,直接寻觅最本质的东西,才能真的受益无穷。

〔点评〕

作者在本条说的观点,深受王阳明心学思想的影响,该学说认为,“万事万物之理,不外于吾心”。所以作者说,每个人的心里都有一篇真正的好文章,有一首真正的好乐曲,可惜都被那些“残编断简”和“妖歌艳舞”给遮蔽、淹没了,所以做学问的人要排除干扰和诱惑,直接去寻求最自然的本性,才能求得享用不尽的真学问。阳明心学的本质是唯心论,但这里作者强调人心原本是纯洁质朴的,要经常清点内心,不为世俗之音所干扰,这一点很有积极意义。

二三五

苦心[①]中常得悦心之趣，得意时便生失意之悲。

〔注释〕

①苦心：辛勤地耗在某种工作上的心力。

〔译文〕

从苦心追求之中常常能体味到苦心追求时的喜悦心情，并可以享受到因苦心追求所产生的乐趣。在春风得意之时，往往会心气浮躁、骄纵狂妄而结怨招妒，从而因春风得意产生出失意的悲伤。

〔点评〕

“苦心”与“悦心”，“得意”与“失意”，没有一定的标准与界限，关键在于人们怎样去感受、去把握。同样是苦心致力于某项事业，有的人可能只感觉到了过程的苦不堪言，有的人却会因目标的召唤而乐在其中。“祸兮福之所倚，福兮祸之所伏”，一个人春风得意固然好，但志得意满时的骄纵狂妄，往往给后面的失意悲伤埋下了伏笔。所以，一方面人们应该用平和的心态面对苦乐祸福，学会苦中求乐；而另一方面也要尽量发挥自己的主观能动性，尽力促使事情向好的方向转化。

二三六

富贵名誉，自道德来者，如山林中花，自是舒徐[①]繁衍；自功业来者，如盆槛[②]中花，便有迁徙废兴。若以权力得者，如瓶钵中花，其根不植，其萎可立而待矣。

〔注释〕

①舒徐：从容自然。

②盆槛（jiàn）：盆子和栅栏。槛，栏杆。这里指防护花木的栅栏。

〔译文〕

一个人的富贵名誉，如果是通过修养道德得来的，那就如同生长在山林中的花朵，可以从容开放，繁衍不绝；如果是通过建功立业得来的，那就如同栽种在花盆园圃中的花朵，难免会因为搬来搬去而兴衰枯荣。倘若是凭借权力非法谋得的，那就如同插在花瓶钵盂中的花朵，由于其根没有深植在土壤中，它的凋谢枯萎也就立等可待了。

〔点评〕

富贵名誉，人人都渴望得到，所以取得富贵名誉，本身并没有什么对与不对，关键在于人们获得它的途径。如果是靠道德修养得来的，这样的富贵名誉就是实至名归，可以长久存在；如果是靠建功立业得来的，那就难免有迁移变化、兴衰枯荣；如果是通过权势非法谋求来的，这样的富贵名誉没有根基，萎可立等。所以孔子曰："富与贵，是人之所欲也，不以其道得之，不处也。"

二三七

栖守①道德者，寂寞一时；依阿②权势者，凄凉万古。达人观物外之物③，思身后之身④，宁受一时之寂寞，毋取万古之凄凉。

〔注释〕

①栖守：恪守、遵守。栖，禽鸟歇宿，引申为投身、附身。

②依阿：曲意逢迎，随声附和，胸无定见，阿谀攀附权贵。

③物外之物：超脱于一切事物之外的事物，就是物质生活之外的德行修养和精神境界。佛教中也指不生不灭的涅槃境界。

④身后之身：死后之身，即身后名声。

〔译文〕

恪守道德节操的人，可能会遭受一时的寂寞冷落；依附权贵的人，却会受到千秋万载的唾弃、凄凉。通达之人更看重物质世界之外的精神世界，思考的是身死之后的不朽形象。所以，他们宁可忍受一时无人喝彩的寂寞，也不招取让人千秋万载唾弃鄙视的凄凉。

〔点评〕

作者在本条所表现出的，是中国传统士子对道德修养的坚守和对权势荣禄的唾弃。栖守道德就要忍受一时的寂寞，但他们更看重物质生活之外的精神世界，更在意身死之后的名声；依阿权势虽然可以让人平步青云，但难免被人唾弃，遭受千年万载的凄凉。所以作者以“达人”自喻，跳出时空局限，将生命放到更悠久的背景下去思考，表达了“宁受一时之寂寞，毋取万古之凄凉”的价值取向。

二三八

春至时和，花尚铺一段好色①，鸟且啭②几句好音。

士君子幸列头角[③]，复遇温饱，不思立好言、行好事，虽是在世百年，恰似未生一日。

〔注释〕

①好色：美好的景色。

②鸟且啭：鸟儿发出明快悠扬的声音。啭，鸟儿鸣叫的声音。

③幸列头角：侥幸处在杰出人物之列。头角，本意为头顶左右突出之处。比喻才华出众，一般说成“崭露头角”。

〔译文〕

春天来了，时节和顺，花儿尚能铺展出一片美好的景色，鸟儿还能鸣叫出几句婉转悠扬的声音。士人、君子有幸出人头地、崭露头角，又遇上吃饱穿暖的好日子，如果不考虑写一些好文章、做一些善事，即使能在世间活到百岁，也犹如没有活过一天那样。

〔点评〕

赶上了好时光，花儿、鸟儿还知道姹紫嫣红和歌喉婉转，这既是回馈时节，也是自身价值的体现。一个读书人如果有幸出人头地，并且过上了丰衣足食的生活，却不想着为后世写下好文章、为世间多做善事，那么他即使能活到百岁，生命也毫无意义。传统的儒家文化倡导士子们通过“立德、立功、立言”实现“三不朽”，作者这里说的“立好言、行好事”就是立功、立言，追求的是精神生命的永存。较之于浑浑噩噩地走完一生，社会需要这种知道自己活着的价值和意义的人。

二三九

学者有段兢业的心思[①]，又要有段潇洒的趣味。若一味敛束[②]清苦，是有秋杀无春生[③]，何以发育万物？

〔注释〕

①兢业：兢兢业业、小心谨慎、尽心尽力的意思。

②敛束：收敛约束。

③有秋杀无春生：只有秋天的凋零，没有春天的生长。

〔译文〕

做学问的人，既要有一种兢兢业业、谨慎、戒惧的心思，又要有一种洒脱不拘、悠闲自在的情趣。倘若一味要求自己收敛约束、清心寡欲，这样就像只有秋天的肃杀凄凉，没有春天的勃勃生机，又怎能发育万物？

〔点评〕

人们对于传统的儒家文化，有一种认识误区，好像对自己要求越苛刻，生活越贫困清苦，道德修养就越高尚。特别是孔子夸赞颜回的那句"贤哉，回也！一箪食，一瓢饮，在陋巷，人不堪其忧，回也不改其乐。贤哉，回也！"更加深了人们的这种误解。其实，孔子夸赞的不是清苦贫困本身，而是"人不堪其忧，回也不改其乐"。作者的观点就很好，做学问既要有兢兢业业、小心谨慎的精神，又要有洒脱不拘、悠闲自在的情趣，不然的话弄得自己像个苦行僧，一点儿生机都没有，甚至生命都难以延续，怎么去实现自身价值，报效国家，帮助他人？

二四〇

真廉无廉名，立名者正所以为贪；大巧无巧术[1]，用术者乃所以为拙。

〔注释〕

①大巧无巧术：真正的聪明人不要手腕。大巧，聪明绝顶。术，方法、手段。

〔译文〕

真正清廉的人不追求清廉的名声，热衷树立清廉之名的人，恰恰是想以清廉之名为遮掩行其贪欲；有大聪明、大机巧的人不玩弄巧妙的手段，喜欢玩弄机巧心术的人，恰恰因为玩弄手段而彰显出他的笨拙。

〔点评〕

真正廉洁的人，不在意自己有没有廉洁之名；真正有大智慧的人，做人处世从来不使用技巧手段。看看官场上那些头几天还在电视台、报纸上大谈反腐倡廉，而随后就被有关部门带走审查的人，再看看生活中那些整天自以为聪明，投机取巧、不择手段，让人厌恶唾弃的人，就知道作者“立名者正所以为贪”“用术者乃所以为拙”这两个论断多么正确了。

二四一

心体[1]光明，暗室中有青天；念头暗昧[2]，白日下有厉鬼。

〔注释〕

①心体:心地。

②暗昧:隐秘不正。昧,暗。

〔译文〕

心地光明磊落,即使坐在幽暗无人的屋子里,也如头顶湛湛青天那样坦然;念头隐秘不正,即使待在光天化日之下,也会担心有厉鬼缠身。

〔点评〕

这里是说做人一定要光明磊落。心地光明磊落、与人为善,“不做亏心事,不怕鬼叫门”,不论身处何地都能活得踏实坦然;如果心怀鬼胎、邪恶不端,就会担心被人觉察识破,整天提心吊胆,即便在光天化日之下,也会像担心厉鬼缠身那样惶惶不安。是生活得坦荡磊落还是惶恐不安,差别只在人的一念之间。

二四二

人知名位为乐,不知无名无位之乐为最真;人知饥寒为忧,不知不饥不寒之忧①为更甚。

〔注释〕

①不饥不寒之忧:饥寒之忧是为自身的生活担忧,不饥不寒之忧是为众生之忧。饥寒之忧是因满足低级需要而起,不饥不寒之忧是因满足高级需要而起。因高级需要更具价值,所以其“忧”也“更甚”。

〔译文〕

人们只知道有名誉、地位是一种快乐，却不知道没有名誉、地位的快乐才最真实；人们只知道挨饿、受冻是一种忧虑，却不知道不用忍饥、受寒的忧虑才更严重。

〔点评〕

有名誉、有地位是能给人带来快乐，但是，名誉地位也会给人带来方方面面的负累，所以没有名誉地位，安享闲情逸致，这样的快乐才更真实。吃不饱、穿不暖固然让人痛苦忧虑，但是，衣食无忧之后的精神空虚，抑或是对国家、世事的担忧，这样的忧虑才更加难以排遣。人的层次、境界不同，对待快乐、忧虑的态度也就不同。

二四三

为恶而畏人知，恶中犹有善路①；为善而急人知，善处即是恶根②。

〔注释〕

①善路：向善的道路。
②恶根：作恶的根源。

〔译文〕

做了坏事却害怕别人知道，虽是作恶，但是还有希望走向改恶从善的道路；做了好事却急于让人知道，虽是行善，同时却又埋藏着恶念的根芽。

〔点评〕

这里辩证地看待善与恶的问题。做了坏事却害怕别人知道，说明这种人内心深处还有良知，还存在悔过自新、弃恶从善的可能性；做点善事却急于让人知道，那么这种人做善事的动机不纯，不是为行善的虚名，就是怀有不可告人的目的。对于善与恶，作者的态度是：不要只看到表面上的结果，更要看行为人内在的动机。无心行善之善为真善，无意为恶之恶非真恶。

二四四

天之机缄不测①，抑而伸、伸而抑，皆是播弄②英雄、颠倒豪杰处。君子只是逆来顺受、居安思危，天亦无所用其伎俩③矣。

〔注释〕

①天之机缄(jiān)不测：意思是说老天的机关发动神秘莫测。机缄，机关开闭，代指推动事物发生变化的力量。

②播弄：玩弄、摆布，含有颠倒是非、任意作为的意思。

③伎(jì)俩：手段、花招。多用于贬义。

〔译文〕

上天对人类命运的安排，真是难以预测的，有时先屈抑他之后又让他伸展；有时先让他伸展之后又抑制他，这都是上天操纵英雄、摆布豪杰的手段。君子只要能够在逆境中采取忍耐、顺从的态度，在顺境中想到可能出现的危难，上天也就无从施展它那些戏弄人的花招了。

〔点评〕

此处谈论应该怎样面对命运。古人认为人的命运都是老天爷的安排,而老天爷想要做的事情人是很难预测的,它可以翻云覆雨,变化无常,所以人们常说“造化弄人”。究竟应该怎样对待命运的安排,作者给出的办法还是非常可行的:逆境的时候要忍耐顺从,要保持耐心和定力,不灰心丧气;顺境之中要居安思危,要考虑到可能的危难,不忘乎所以。这样的话,老天爷就奈何不得了。

二四五

福不可徼①,养喜神②以为招福之本;祸不可避,去杀机③以为远祸之方。

〔注释〕

①徼(yāo):通“邀”,招致、求取。

②喜神:这里指喜气洋洋的神态。

③杀机:杀伐的动机。这里指害人的念头。

〔译文〕

福分不可强求,应该以培养乐观、喜悦的心情,作为招来福分的根本;灾祸不可避免,应该以去除危害他人的念头,当作远离灾祸的方法。

〔点评〕

福分不可强求,灾祸不可避免,这是作者对于祸福的基本态度。人们对于幸福的理解不同,期待也不同,很难用一个具体的量化指标去界定幸福,只要对生活保持乐观的心态,人的幸福感就会始终存在。灾祸也是人的一生中必须面对的问题,有些不期而至的灾祸无法逃避,人们所能做的,就是在平时的生活中不要有危害他人的念头,这才是远离灾祸的良方。

二四六

十语九中未必称奇,一语不中,则愆尤骈集①;十谋九成未必归功,一谋不成,则訾议②丛兴。君子所以宁默毋躁,宁拙毋巧。

〔注释〕

①愆尤骈(pián)集:各方面的过失一齐汇集。愆尤,过失、错误。李白诗曰:"功成身不退,自古多愆尤。"骈集,聚会、汇集。

②訾(zǐ)议:非议、责难。訾,诋毁,说人坏话。

〔译文〕

十句话有九句说得对,人们未必对你称奇叫绝,可是只要一句说错,埋怨、指责就全聚集到你身上;十个谋略九个都能成功,人们未必归功于你,可是只要一个谋略失败,各种非议、诋毁就纷至沓来。所以,君子宁愿保持沉默也不浮躁多言,宁愿保持拙笨也不显露机巧。

〔点评〕

这段话有一定的人生经验,不足之处是有些猾黠。十句话有九句都说对,未必有人称赞,但是如果说错一句,各种埋怨指责都来了；十个谋略有九次成功，人们未必把功劳归于你，但是如果失败一次，那么责难、诋毁都来了。这的确是人们常常见到的情形。但有担当的人，并不畏惧人性中的这种恶。不过，话说回来，“守拙”“藏锋”也是中国传统文化中的重要观念。

二四七

天地之气，暖则生，寒则杀。故性气①清冷者，受享亦凉薄②。惟气和暖心之人，其福亦厚，其泽亦长。

〔注释〕

①性气：性情、气质。

②受享亦凉薄：所享的福分比较淡薄。受享，所享的福分。凉薄，此处“凉”与“薄”同义，意指微薄。

〔译文〕

天地气候运行变化，温暖则万物生长，寒冷则万物肃杀。同样道理，性情脾气清淡冷漠的人，所享有的福分也比较微薄。只有那些性情温和、心肠暖热的人，所享受的福分才会厚重，所留下的惠泽才会绵长。

〔点评〕

古人认为，人性与天性是一致的。春来暖气生，万物生机盎然；秋至寒意浓，一派肃杀寂寥。人的心灵温度也有很大不同。有的人孤傲清高、冷若冰霜，这种人非但别人不敢或不愿与之接近，他自己的福寿也比较微薄；有的人性情温和、心肠暖热，这种人乐于助人、善缘广积，所以自己也会福寿深厚，恩泽久长。我们不能左右别人的性情、态度，但我们可以有自己的选择：一方面，要尽可能回避那种性情孤傲清冷的人；另一方面，我们自己一定要做“气和暖心之人”，给他人带来温暖，给社会奉献正能量。

二四八

天理[①]路上甚宽，稍游心[②]，胸中便觉广大宏朗；人欲路上甚窄，才寄迹[③]，眼前俱是荆棘泥涂。

〔注释〕

①天理：天道，自然法则。宋代程朱理学创立后，把封建伦理看作永恒的客观道德法则，称“天理”。

②游心：注意、留心。

③寄迹：寄托踪迹。

〔译文〕

追求天理正道的路途十分宽广，稍稍留心一点儿，胸中就感觉宽广宏阔、充满光明；追求个人欲望的路途十分狭窄，才想寄托踪迹，眼前就全是荆棘丛生、泥泞遍地。

〔点评〕

此处显然是在婉转地宣讲程朱理学的“存天理、灭人欲”。从根本上说，“存天理、灭人欲”是个伪命题，现实生活中是行不通的。但是也不能不看到，“人欲”之路也确实荆棘丛生、泥泞遍地，人一旦沉迷于物欲、名利的追逐中，便会贪念不止，路只会越走越窄。所以，人更应该重视对“天理”的追求，用天理正道提升自己的修养境界，用“天理”来约束、规范“人欲”。

二四九

一苦一乐相磨练，练极而成福者，其福始久；一疑一信相参勘①，勘极而成知②者，其知始真。

〔注释〕

①参勘：参，交互考证。勘，调查、核对。

②知：古时义同智慧的“智”。

〔译文〕

体验过苦难，也体验过快乐，在这两种体验中交替磨炼，磨炼到极致而获得的幸福，这种幸福才能长久；经历过疑惑，又经历了确信，把这两种感受反复考证比较，考证到极致而获得的智慧，这种智慧才是真知灼见。

〔点评〕

人生应该有苦与乐的全面体验，方可以言苦乐。苦与乐是人生相对立的两种体验。不知苦，难以真正知乐；不知乐，亦难以真正知苦。知识的获得也是这样的。只有经历过疑惑，又在疑惑中获得确信的知识，才知道这种知识是真实可信的。

二五〇

地之秽者多生物，水之清者常无鱼①。故君子当存含垢纳污之量②，不可持好洁独行之操。

〔注释〕

①水之清者常无鱼：水太清，鱼就不能藏身。《大戴礼记·子张问入官》："水至清则无鱼，人至察则无徒。"后以"水至清则无鱼"比喻对人对事过于苛察，就难以容众。

②含垢纳污：忍受耻辱，宽容污秽。此处比喻有容忍的气度。

〔译文〕

土地污秽的地方往往多生物，水流清澈的地方常常没有鱼。因此君子应当具有容纳污秽、忍受耻辱的气量，不可固执地坚持好洁成癖、特立独行的节操。

〔点评〕

"水至清则无鱼，人至察则无徒"，真是一句至理名言。每个人的性格、爱好、禀赋都有不同，也都会有这样那样的不足，如果一个人"至察"，也就不会有人愿意跟随在他身边。做人要努力提升自己的修养境界，有超脱凡俗的志趣，但更要有宽广的胸怀，有容人之雅量，不能孤芳自赏，高高在上。所以作者说："君子当存含垢纳污之量，不可持好洁独行之操。"

二五一

泛驾之马[①]，可就驰驱；跃冶之金[②]，终归型范。只一优游不振，便终身无个进步。白沙[③]云："为人多病未足羞，一生无病是吾忧。"真确论也。

〔注释〕

①泛驾之马：比喻凶悍、难以控制的马。《汉书·武帝本纪》元封五年

之诏："夫泛驾之马，跅驰之士，亦在御之而已。"颜师古注曰："泛，覆也。"

②跃冶之金：飞溅到熔炉外的金属溶液。比喻自命不凡、不守本分的人。《庄子·大宗师》："今之大冶铸金，金踊跃曰：'我且必为镆铘。'大冶必以为不祥之金。"

③白沙：明代著名理学家陈献章，字公甫，新会人，隐居白沙里，门人称其为白沙先生。著有《白沙集》《白沙河教解》。

〔译文〕

翻过车的马尽管难以驾驭，却还是可以疾驱快奔；飞溅的金属溶液尽管自命不凡，然而终究会定型就范。只有那种虽无缺点却一直悠然自得、不思振作的人，才一辈子不会进步。白沙先生说："做人毛病多并不足以羞惭，若是人一生一点儿毛病也没有，才真正是我忧虑的。"真是确实之论。

〔点评〕

一个人没有什么明显的缺点，但就是整天悠然自得，不思进取，这种人一辈子也不会有多大成就，还不如难以驾驭、性格凶悍的烈马，调教好之后还可以成为纵横驰骋的骏马。这说明那些看似没有缺点和毛病，但实际上并不进取的人，还不如有缺点和毛病，但可以陶冶和规范的人更有可塑性。

二五二

人只一念贪私，便销刚为柔①，塞智为昏，变恩为惨，染洁为污，坏了一生人品。故古人以不贪为宝②，所以度越一世。

〔注释〕

①销刚为柔：把刚正不阿之人变成柔弱的人。

②以不贪为宝：把不贪当作宝物。《左传·襄公十五年》："宋人或得玉，献诸子罕，子罕弗受。……曰：'我以不贪为宝，尔以玉为宝，若以与我，皆丧宝也。不若人有其宝。'"

〔译文〕

人只要有一点点贪求私利的念头，刚正就会被销蚀成柔软，明智就会被阻塞成昏聩，恩慈就会被变成凶残，洁行就会被染成污浊，一生的人格品行就会因此而败坏。所以古人把不贪当作修身之宝，并以此信念度过此生。

〔点评〕

这里发挥的是《论语》中"无欲则刚"的观念。《论语·公冶长》载：孔子对弟子们说，他还没有看到哪个弟子有刚正这种品质。有弟子说：申枨不是吗？孔子当时便说：申枨这个人欲望太强，怎么可能刚正？这说明，在孔子看来，一个欲望很盛的人是很难做到刚正的。人有私欲，不仅难以做到刚正，更可能利令智昏。这也是"无欲则刚"这个成语的出处。

二五三

耳目见闻为外贼①，情欲意识为内贼，只是主人公惺惺不昧②，独坐中堂，贼便化为家人矣。

〔注释〕

①贼：对风气道德、思想意识、社会秩序的破坏行为。佛教称色、声、

香、味、触、法为“六尘”，此六尘能以眼、耳等六根为媒介，劫掠“法财”，损害善性；称眼、耳、鼻、舌、身、意为“六根”，谓此六根妄逐尘境，如贼劫财。

②惺惺不昧：惺惺，清醒、机警的样子。不昧，不晦暗、不糊涂。

〔译文〕

耳闻目睹到的不符合道德秩序的现象，是外部闯来的贼；情感欲望以及各种私心杂念，是潜藏于内心世界的贼。只要主人清醒警觉，不受诱惑，不受蒙蔽，始终坐得直、行得正，所有这些内外之贼，就都会变成自己的家人了。

〔点评〕

每个人都生活在一定的社会环境中，内心里也会有与生俱来的各种情识欲念，“外贼”与“内贼”是一种客观存在，二者共同发挥作用，人们时刻面临各种“盗贼”的侵袭。可是，只要时刻保持清醒警觉，不受蒙蔽，拒绝诱惑，始终坐得直、行得正，始终让道德义理牢牢占据于自己心中，保持一片纯净的心境，那么这些内外之贼非但不能扰乱蛊惑自己，还能化作磨炼和培养自己意志品质的好帮手。

二五四

图未就之功[①]，不如保已成之业；悔既往之失，不如防将来之非[②]。

〔注释〕

①图未就之功：谋取未成就的功业。图，图谋、谋取。

②非：过错、过失。

〔译文〕

与其图谋尚未开创的功绩，不如努力保全已经成就的事业；与其追悔以往的过失，不如好好防范将来可能会出现的过失、错误。

〔点评〕

不是说不应该“图未就之功”，但是相比来说，“保已成之业”更重要。建立新的功业固然鼓舞人心，但任何新的功业都不是轻而易举、一蹴而就的，不能因为想要建立新的功业，就轻易丢掉已有的功业。这是告诫我们在试图开辟新的事业的同时，不可以轻易丢掉已成的事业。丢掉既成的事业，去开创前途未卜的事业，是不明智的。“既往之失”不能轻易忘记，但追悔以往的过失，应该是为了把握现在与未来，避免再发生错误，而不能只沉浸在追悔之中。

二五五

气象①要高旷，而不可疏狂②；心思要缜细，而不可琐屑；趣味要冲淡，而不可偏枯③；操守要严明，而不可激烈。

〔注释〕

①气象：本指自然界的景色、现象，这里指人的气概度量。
②疏狂：狂放不羁，不受拘束。
③偏枯：本是病名，指半身不遂，这里引申为偏执之意。

〔译文〕

气度格局要高远旷达，却不可粗疏狂放；心思念想要缜密细致，却不可烦琐杂乱；情趣品位要冲和淡泊，却不可偏执枯寂；操行志节要严格明确，却不可偏激、刚烈。

〔点评〕

“中庸之道”是儒家思想的核心价值观之一，是孔子乃至儒学士子立身处世的基本方法，并提出“过犹不及”的观点。其实，“中庸之道”不是无原则地折中妥协、乱和稀泥，而是做人、做事、做学问的一个“适度”，是一种高尚的修养境界。而万事“适度”，却是人生最难把握的，如果能做到作者所说的，气象高旷而不疏狂、心思缜细而不琐屑、趣味冲淡而不偏枯、操守严明而不激烈，这种分寸就把握得很不错了。

二五六

风来疏竹，风过而竹不留声；雁度寒潭，雁过而潭不留影。故君子事来而心始现①，事去而心随空。

〔注释〕

①事来而心始现：事情来临，心情、情绪才显露。

〔译文〕

轻风吹过稀疏的竹林，沙沙作响，风停之后，竹林不再留下声音；大雁飞过寒凉的水潭，潭映雁影，雁过之后，潭水不再留有影子。所以，君子行事也是这样，事情来临，仁德之心才开始显露；事情过后，心境随即归于空寂、平静。

〔点评〕

人的一生，会经历许许多多的事情。当事情出现时，就应该好好应对，全心全意投入其中；当事情过去后，不论是好事坏事，也不论结果是否称心如意，都不必再纠缠，而应该尽量让内心归零。有时候人应该善于遗忘，将曾经的辉煌、过去的恩怨、过往的感情及时清除出去，才能使内心豁然、平静，才能有轻松、洒脱的人生。就像风过竹无声、雁过潭无影，做人就应该“事来而心始现，事去而心随空”。这也是庄子所说的“藻雪而精神”。

二五七

清能有容，仁能善断，明不伤察[①]，直不过矫，是谓蜜饯不甜、海味不咸，才是懿德[②]。

〔注释〕

①明不伤察：明白而不至苛察。

②懿德：美德。《诗经·大雅·烝民》：“民之秉彝，好是懿德。”

〔译文〕

清廉而有包容之量，仁慈却又善于决断，明智却不失之苛察，刚直却不矫枉过正，这就像蜜饯虽由蜜汁浸渍而成却不太甜，鱼虾虽然出产于海却不太咸，这才是真正美好的品德。

〔点评〕

本条与前面第二五五条的立意基本相同，还是从不同的角度论述做人的“中庸之道”。清正也要有容人之量，仁慈也要善于决断，明智又不苛责，刚直却不矫情，这才是真正的美德。

二五八

贫家净扫地，贫女净梳头。景色[①]虽不艳丽，气度自是风雅。士君子当穷愁寥落[②]，奈何辄自废弛哉？

〔注释〕

①景色：这里指摆设、衣着。

②当穷愁寥落：当，临着、面对。穷愁，因穷而忧伤。寥落，寂寥、落寞。

〔译文〕

贫穷人家把地面打扫干净，贫家女子把头发梳得整齐。这番景象虽算不上艳丽，气度却自是淡雅朴实、风韵不凡。可是，士人、君子一旦遭遇穷困愁苦、寂寥、落寞，为什么总是自暴自弃、松弛懈怠呢？

〔点评〕

这段话告诉人们，不要在穷愁潦倒的时候就失去做人的气度。贫家女打扮得干净整齐，自有一种朴素之美。落魄的士子不应该因志不获便气度萧索，应该有子路那种“衣敝缊袍”与人立谈的自信和勇气。

二五九

闲中不放过，忙中有受用[①]；静中不落空，动中有受用；暗中不欺隐[②]，明中有受用。

〔注释〕

①受用：受益。

②暗中不欺隐：不欺于暗室，即隐蔽处也不做欺瞒之事。

〔译文〕

清闲无事时不白白放过，紧张忙碌时就会从中受益；安定闲静时不空空度过，采取行动时就会从中受益；背地里没有欺骗、隐瞒，公开场合就会从中受益。

〔点评〕

机遇总是偏爱有准备的人，充足的准备是事业成功的必要前提，所以，人们应该对自己的生活、事业乃至人生之路提前有所谋划，并为之不懈努力。生活中总会有忙有闲、有动有静、有暗有明。清闲安静时不白白度过，一旦行动起来就会从中受益；背地里从来不做见不得人的事，日常的工作和生活中就能坦然无愧。不论忙闲明暗，不虚度、不亏心，踏踏实实地走好每一步，这样的人生才充实安稳，也才能把握住机遇，经得起考验。

二六〇

念头起处，才觉向欲路上去，便挽[①]从理路上来。一起便觉[②]，一觉便转，此是转祸为福、起死回生的关头，切莫当面错过。

〔注释〕

①挽：牵引、拉。

②觉：省悟、明白。前面“才觉”的“觉”，是感觉、知道。

〔译文〕

私心杂念兴起时，刚发现走向人欲的邪路，就赶快挽回到天理路上来。念头一产生便立刻发觉，一发觉就马上转变，这才是把灾祸转变为福气，把死亡转化为新生的关键，切莫当面错过时机。

〔点评〕

这里谈怎样应对私欲。人不可能一点点的私心杂念都没有，要求人人都没有私欲，这有些不现实。那么怎样对付自己的欲念呢？作者谈了两点：从根本上说，还是用“天理”来扼制“人欲”，“才觉向欲路上去，便挽从理路上来”；从方法上说，就是要把私欲消灭在刚露出苗头时，“一起便觉，一觉便转”，这是扼制私欲的关键。作者说的道理非常正确，效果如何，全在各人所为了。

二六一

天薄我以福，吾厚吾德以迓[①]之；天劳我以形[②]，吾逸吾心以补之；天扼我以遇，吾亨[③]吾道以通之。天且奈我何哉！

〔注释〕

①迓（yà）：迎击、抵御。

②劳我以形：使我的形体疲劳。形，形体。

③亨：通达、顺利。

〔译文〕

上天减损我的福分，我就通过增益我的品德来抵御它；上天劳损我的身体，我就通过放逸我的心情来弥补它；上天遏阻我的际遇，我就通过我的修养道德来打通它。如果我能做到这些，上天又能把我怎样呢？

〔点评〕

这段话反映了作者与命运抗争的思想及积极进取的精神。人在命运面前，总体上处于弱势地位，虽不能改变命运，但也不能任由命运摆布，可以通过正确的应对方式来改变命运，从而做自己命运的主人。

二六二

真士无心徼福，天即就无心处牖其衷①；险人②着意避祸，天即就着意中夺其魂。可见天之机权③最神，人之智巧何益？

〔注释〕

①牖（yǒu）其衷：启发其内心。牖，窗户。古时通“诱”，意为引导。

②险人：行为不正、邪恶的人。险，邪妄。

③机权：灵活变化。机，灵巧、机智。权，变通。

〔译文〕

真正有才德的人无意邀福，于是上天就在其无意的举动中启发他的内心，给他送来福泽；阴险、邪恶的人刻意避祸，于是上天就在其刻意的行为中夺走他的魂魄，给他降下灾祸。可见上天的机智权谋最为神机妙算，与此相比，人的机谋权诈又有什么用呢？

〔点评〕

这段话是说天理昭然，上天在庇佑那些有才德的人，而同时又在惩治那些邪恶的人，意在劝人们去恶从善。常言说，“人在做，天在看”“人算不如天算”，就是这个意思。有才德的人无意求福，但是上天偏偏赐福于他；邪恶之人刻意避祸，然而上天却往往降祸于他。从人事关系上来推究，这样说也并非没有道理。有才德的人平时多行善举，人际关系和谐，自然就事事顺畅，即便偶有坎坷，也能因得道多助而逢凶化吉；阴险、邪恶之人处处损人利己，人际关系紧张，任他机关算尽，所遭遇不测的概率还是会大得多。与其说这里面蕴含的是“天道”，毋宁说还是“人道”。

二六三

声妓晚景从良①，一世之烟花②无碍；贞妇③白头失守，半生之清苦俱非。语云“看人只看后半截”，真名言也。

〔注释〕

①声妓晚景从良：指妓女后来嫁人。声妓，原指古代宫廷和贵族家中的歌伎舞女，这里泛指妓女。晚景，晚年的境遇。从良，古代宫廷和贵族家中的歌伎属乐籍，嫁人前需要在乐籍上除名，叫出籍。嫁人叫从良。

②烟花：这里指妓女生活。

③贞妇:从一而终的妇女。

〔译文〕

歌伎、舞女如果晚年脱离乐籍而嫁人,那么前半生的妓女生涯对她的生活并没有什么妨碍;贞妇、烈女如果晚年丧失节操,那么她半生的清苦守节就全都失去了意义。俗语说“看人只看后半截”,真是至理名言啊。

〔点评〕

人们常说要“善始善终”,但是善始容易善终难。如果一个人晚节不保,那还不如前半生有污点而后半生守本分的人。这里用“声妓晚景从良”与“贞妇白头失守”的比较,告诫人们保持好晚节多么重要。

二六四

平民肯种德施惠[1],便是无位的卿相;仕夫[2]徒贪权市宠[3],竟成有爵的乞人。

〔注释〕

①种德施惠:行善德施恩惠于人。
②仕夫:为官之人。
③贪权市宠:贪恋权位,争夺恩宠。

〔译文〕

平民百姓如果尽力修养德行、广施恩惠,就像是没有爵位的公卿、宰相;为官之人如果只顾贪图权势、争夺恩宠,就变成了徒有爵位的乞丐。

〔点评〕

如果肯修养德行、多做善事，即便是平民百姓，同样受人景仰、尊重；如果只会争权夺利、博取恩宠，哪怕是宰相、公卿，也让人厌恶、鄙视。这里作者是说，只有那些有道德修养的人，才是真正值得效仿和尊重的人。评价人的标准有很多，比如财富标准、地位标准、功业标准，但作者最崇尚的是道德标准。

二六五

问祖宗之德泽①，吾身所享者是，当念其积累之难；问子孙之福祉，吾身所贻②者是，要思其倾覆之易。

〔注释〕

①德泽：恩德和惠泽。

②贻（yí）：赠送，遗留。

〔译文〕

要问祖宗留给我们的德泽，我们现在所享受的生活就是，所以应该感念祖先积德累善多么艰难；要问子孙会享有什么幸福，我们所能留给他们的就是，所以要想想他们倾覆祖业多么容易。

〔点评〕

我们现在所享受的生活，是祖上留给我们的恩泽，要经常感念祖先积德累业的艰难；我们能给子孙留下什么，就是他们所享有的生活。这是古人朴素的因果传递思想，在这个因果传递链条中,每个人都是其中的一环。享受现在的生活,就要感念祖上的恩德;希望子孙有一份好的生活,自己就要积德行善、努力创造,同时更要教育好子孙后代。三个环节,环环紧扣。传承家风,光大祖德,这是古人进行道德教育的一种方式,这种朴素的教育方式,对于人类文明的传承,发挥了很大的积极作用。

二六六

君子而诈善①,无异小人之肆恶②;君子而改节,不若小人之自新。

〔注释〕

①诈善:虚伪的善行。

②肆恶:肆意作恶。

〔译文〕

作为君子却假装行善,就和小人随意作恶没什么区别;作为君子却改变节操,还不如小人能改过自新。

〔点评〕

这里强调对君子的要求应该严格。在《论语·子张》中,子贡曾经这样说过:"君子之过也,如日月之食焉。过也,人皆见之;更也,人皆仰之。"意思是说:君子无论是犯错还是改错,都像日食那样被所有人看到。因此,君子应该是被人们信任的那种人。倘若君子假装行善,其欺骗性是巨大的;倘若君子改变节操,其影响也是巨大的。所以,作者才说,君子行假善,就和小人随意作恶没什么区别;君子改变节操,还不如小人能改过自新。

二六七

家人有过，不宜暴扬[①]，不宜轻弃。此事难言，借他事而隐讽[②]之；今日不悟，俟来日正警之。如春风之解冻、和气之消冰，才是家庭的型范。

〔注释〕

①暴扬：宣扬、泄露。

②隐讽：暗示，托词婉转地劝人改过。

〔译文〕

家人有了过错，不应当向外人暴露、传扬，也不应轻易不管不问。如果他所犯之错不便直言，可以借其他事暗示，婉转地劝告他；如果他今天不能省悟，就耐心等来日有合适的机会再严正警示他。如同和煦的春风融化冻土、暖和的空气消释坚冰，这才是家庭相处的典范。

〔点评〕

俗话说，“家家有本难念的经”，而古代士子的人生理想是“修身、齐家、治国、平天下”，如果连家都管理不好，那怎么实现“治国、平天下”的理想抱负？作者在此处谈论了他的治家原则与方法，即俗语所说的“家丑不可外扬”。而且，家人有错，不但不可“暴扬”，也不可“轻弃”；不便明说的过错，就借其他事情暗示，婉转劝告。一时不能醒悟，就等合适的机会再正告警示；不扬不弃，循循善诱，把握时机，像春风消融坚冰那样悄无声息。

二六八

此心常看得圆满，天下自无缺陷之世界；此心常放得宽平，天下自无险侧[①]之人情。

〔注释〕

①险侧：邪恶不正。

〔译文〕

自己的内心里常把社会看得圆满些，那么天下自然就是一个没有缺陷的完美世界；自己的内心里常常放得宽阔公平些，那么整个世界自然就没有险恶、邪僻的人情世事。

〔点评〕

世界是同一个世界，不同的人看到的结果不同，作者在本条就是强调自身心地、心态的重要性。心地善良的人，自己的内心就很圆满善良，因而把世界也看得那么圆满；仁慈宽厚的人，总是用宽容、阳光的心态看社会，那么世上自然就没有那么多险恶、邪僻的人与事。其实，善恶美丑是一种客观存在，不因人的主观愿望而设置，不过，是以善良之心去看待还是以凶险之心去揣度，结果大不相同，唯其世界并不完美，人们才更应该拥有阳光、宽厚的内心世界。

二六九

淡泊之士，必为浓艳者所疑；检饬[①]之人，多为放肆者所忌。君子处此固不可少变其操履[②]，亦不可太露其锋芒。

〔注释〕

①检饬:检点约束,谨言慎行。

②操履:操行,即平时的操守及履行之事。

〔译文〕

淡泊朴素的士子,必定被衣冠华丽、生活奢侈的人所猜疑(怀疑你有所图谋);检点约束之人,大多被放纵不拘、无所忌惮的人所忌恨(忌恨你过于完美)。君子处在这样的环境中,固然不可改变操行,却也不宜过于显露锋芒。

〔点评〕

为人处世不可太张扬,这是儒家修身的基本要求。后来人们常说“木秀于林,风必摧之”,也是顾忌小人的嫉恨。因为,有才华又淡泊名利的人,往往受那些热衷名利之人的猜疑,而谨慎自律的人,也常常会遭受那些邪恶放纵之辈的妒忌。处在这种环境中,既不能改变自己高尚的操行,也不可过于显露锋芒,而应该讲求生存策略,韬光养晦,避免遭到中伤。明代中后期,朝政腐败,奸臣当道,社会风气毒化,士子无所归依,作者的这番谈论,间接折射出了当时的社会风貌。

二七〇

居逆境中,周身皆针砭药石①,砥节砺行②而不觉;处顺境内,眼前尽兵刃戈矛,销膏糜骨③而不知。

〔注释〕

①针砭(biān)药石:针砭,用砭石制成的石针,亦谓针灸治病。药石,药物的总称。

②砥节砺行:砥砺操守和品行。砥与砺都是磨刀石。

③销膏糜骨:销熔脂肪,糜烂骨头。《汉书·董仲舒传》:"积恶在身,犹火之销膏而人不见也。"

〔译文〕

身处逆境之中,仿佛全身都是治病的石针和药物,时刻都在砥砺操守品行,自己却全没有察觉;身处顺境之中,仿佛眼前全是夺命的刀枪剑戟,时刻都在消磨肌体和意志,自己却根本不知道。

〔点评〕

人的一生中,总会有逆境、顺境,这里所说的"居逆境中,周身皆针砭药石""处顺境内,眼前尽兵刃戈矛",并不是说逆境就一定比顺境好,而是提醒人们,不论是处于逆境还是顺境,都应该正确面对。如果把逆境当作磨砺自己的砥石,那么就能从逆境中受益;如果在顺境时沉溺其中或者忘乎所以,那么等待自己的很可能就是危机。孟子有句名言"生于忧患,死于安乐",说的就是这个道理。

二七一

生长富贵丛中的,嗜欲①如猛火,权势似烈焰。若不带些清冷气味,其火焰不至焚人,必将自焚。

〔注释〕

①嗜欲:嗜好和欲望。

〔译文〕

生长在富裕显贵环境中的人,形成的嗜好和欲望如猛火一般强烈,其特权和势力也像烈焰一样灼人。若不培养一些清凉、寒淡的情趣加以抑制,这种火焰即使不烧到别人,也必将烧毁自己。

〔点评〕

人的行为习惯乃至性格品行,很大程度上受成长环境的影响。在富裕显贵环境中长大的人,容易形成欲望强烈、作威作福的性格特征,这种如烈焰般的嗜欲、权势,即便烧不到别人,最终也会把自己烧毁。所以作者说,一定要培养些清凉、淡适的生活情趣,来扼制嗜欲之火。这种情况不仅仅存在于古代社会,现在也有些寄生在上一辈财富和权势之上如"猛火""烈焰"的子弟。所以,作者的这番话仍具有不可忽视的现实意义。

二七二

人心一真,便霜可飞①,城可陨②,金石可贯③。若伪妄之人,形骸徒具,真宰已亡,对人则面目可憎,独居则形影自愧。

〔注释〕

①霜可飞:《淮南子》:"邹衍事燕惠王尽忠,左右谮之,王系之,仰天而

哭,五月天为之下霜。"后来用"飞霜"指冤狱。

②城可陨:西汉刘向《列女传·齐杞梁妻》:春秋时期齐国袭击莒国,大夫杞梁战死,"杞梁之妻无子,内外皆无五属之亲。既无所归,乃枕其夫之尸于城下而哭,内诚动人,道路过者莫不为之挥涕。十日而城为之崩"。这就是后来流传广泛的孟姜女哭倒长城这一传说的原型。

③金石可贯:形容一个人心诚志坚,金石也能感化。《西京杂记》卷五:"至诚则金石为开。"

〔译文〕

人心只要至诚,便可以感天动地,夏日可以飞霜,城墙可以哭倒,金石可以贯穿。若是虚妄之人,只是空留一副形体,做人的真性已经失去,面对别人,其面目让人感觉厌恶,自己独处,其形体面对影子都会感觉羞愧。

〔点评〕

人们常说,"精诚所至,金石为开",这段话就是褒扬真诚,鞭挞虚伪。"霜可飞,城可陨,金石可贯",都说明只要至真至诚,就能感天动地,创造奇迹。当然,所谓感天动地只是一种愿望,但做人真诚确实是公认的美好品格。作者说虚伪的人只是徒有一个躯壳,不但让别人厌恶,他自己也应该感觉羞愧。

二七三

文章做到极处,无有他奇①,只是恰好;人品做到极处,无有他异,只是本然②。

〔注释〕

①他奇:其他的奇特之处。

②本然：本来如此。本，本来、原本。

〔译文〕

文章做到最高水平，没有别的奇特之处，只是表情达意恰到好处；人品做到最高境界，没有其他异样的表现，只是达到自然本源的境界。

〔点评〕

真正的好文章，无论是表情达意还是写景状物，就是恰到好处；真正的好人品，无论做人处事还是建功立业，就是自然本源。“恰好”就是一分不少，一分不多，“本然”就是坦露真我，不匿不矫，这才是做文章和做人品的最高境界。恰好与本然，说起来简简单单，做起来还真不容易。

二七四

以幻迹[①]言，无论功名富贵，即肢体亦属委形[②]；以真境[③]言，无论父母兄弟，即万物皆吾一体。人能看得破，认得真，才可以任天下之负担，亦可脱世间之缰锁。

〔注释〕

①幻迹：幻尘。佛教把人间看作虚幻的尘世，人生活在世上只不过是寄迹其间罢了。

②委形：天地赋予人的形体。《庄子·知北游》：“舜曰：‘吾身非吾有也，孰有之哉？’曰：‘是天地之委形也。’”

③真境：道家的万物一体思想。《庄子·齐物论》：“天地与我并生，而

万物与我为一。”这便是真境。

〔译文〕

从尘世无非虚幻的形迹这个角度而言，且不说功名富贵，即便四肢身体，也无非是上天赋予的虚幻之形；从一体同源的角度而言，别说父母兄弟，即便世间万物，也都与我同出一体。人们只有看破幻象，认透本真，才可以承担起天下之重任，也才可以挣脱世间名利缰锁的束缚。

〔点评〕

从佛家的角度说，人生世间只不过是因缘而生的一种幻象，人的四肢身体都是幻迹委形，更不要说富贵功名了。所以，一切的执着、争斗都毫无意义。道家则认为“天人合一，万物同源”，父母兄弟、世上万事万物都与我同为一体，争什么？不争不求就拥有了整个世界。一般来说，传统的儒家士子大都具有崇高的社会责任感，志在经纶天下、兴国安邦。士子们从释家的“四大皆空”和道家的“天人一体”中汲取养分，可以让他们从不同的维度去看待生命，有助于摆脱功名利禄的束缚。

二七五

爽口之味，皆烂肠腐骨之药①，五分便无殃；快心之事，悉败身散德之媒，五分便无悔。

〔注释〕

①“爽口”二句：枚乘《七发》：“甘脆肥脓，命曰腐肠之药。”

〔译文〕

甘饴爽口的美味，都是损伤胃肠、腐蚀骨骼的药物，只享五分才没有祸殃；称心快意的好事，都是损伤身体、败坏德行的媒介，享受五分就不会后悔。

〔点评〕

面对美食与美事，作者提出了“五分”之道。可口的美味，吃得太多就是伤害肠胃的毒药，只吃五分饱便会安然无恙；称心的事情，会诱使人走向身败名裂，只享五分便不至于追悔莫及。这里的“五分”之道，是提醒人们在面对美食、美事时一定要保持清醒的头脑，别因过度享用而适得其反。

二七六

不责人小过，不发① 人阴私，不念人旧恶。三者可以养德，亦可以远害。

〔注释〕

①发：揭露、打开。

〔译文〕

不苛责别人的微小过错，不揭发别人的隐私之事，不念着别人过去的恶行。做到这三点，既可以修养德行，也可以远避灾害。

〔点评〕

“人非圣贤，孰能无过。”一般的人都有过错，都有不愿意示人的一面。与人相处,发现别人小的过错,不要过于苛责;知道别人的隐私,不要到处宣扬;只要现在改正了,就不要老是记着别人旧时的恶行。而要做到这些,一个人就必须具备大气、宽容的胸怀,所以,这既是修养德行,也可以让自己远离灾害。现实生活中有的人恰恰相反,热衷于津津乐道别人的隐私,念念不忘别人的旧恶,这样不仅让自己变得狭隘、鄙俗,最终也会因人际关系恶化而给自己招致祸端。

二七七

天地有万古,此身不再得;人生只百年,此日最易过。幸生①其间者,不可不知有生之乐,亦不可不怀虚生之忧。

〔注释〕

①幸生:有幸而得生命。个体的生命是一种偶然,所以说“幸生”。

〔译文〕

天地可以万古长存,人的生命却不可再次获得;人生只不过百年光景,眼前这一天最容易匆匆而过。有幸生于天地之间的人,不能不知道拥有生命的快乐,也不能不怀有虚度此生的忧虑。

〔点评〕

这里探讨的是生命的意义。生命只有一次,而且非常短暂。所以,生活在世间的人们,不能不为自己有幸获得生命而快乐,也不能不因为担心虚度生命而忧虑。“哀吾生之须臾,羡长江之无穷”(苏轼《赤壁赋》),历史上多少仁人志士因人生短暂而慨叹。作者对待生命的这种快乐和忧虑的态度,无疑还是很阳光、正面的。

二七八

老来疾病,都是壮时招的;衰时罪孽,都是盛时作的。故持盈履满[①],君子尤兢兢[②]焉。

〔注释〕

①持盈履满:保持鼎盛时的成业。持,保守。履,履行。盈,义同“满”。

②兢兢:小心谨慎,认真负责。

〔译文〕

年老时出现的各种疾病,都是年轻力壮时不知道爱惜招致的;气运衰微时出现的罪孽,都是兴盛繁荣时不懂得节制埋下的。所以在保持盛业、善终圆满方面,君子尤其要小心谨慎。

〔点评〕

这段话既是养生,更是修省。对于身体而言,年老多病是自然规律,但也不能否认,年老时出现的很多问题,都是年轻力壮时不知道爱惜身体而种下的祸根;对于做人来说,事业兴盛繁荣时不知道节制收敛,不懂得布施恩德,一旦气运衰微,各种麻烦事都会找上门来。所以君子做人做事,身强力壮时不挥霍生命,风光得意时也不恣意妄为,这样才能圆满善终。

二七九

市私恩[①],不如扶公议[②];结新知,不如敦[③]旧好;立荣名,不如种阴德;尚奇节,不如谨庸行。

〔注释〕

①市私恩:以小恩小惠的手段来收买人心。市,买。

②扶公议:支持众人的议论。这里指匡扶正义。

③敦:厚。这里指加深。

〔译文〕

小恩小惠收买人心,不如扶持公众的议论;结交新朋友,不如加深老朋友之间的情谊;想方设法树立荣誉、名声,不如多多暗中广施恩德;崇尚奇节异行,不如谨慎地保持平常的行为。

〔点评〕

用小恩小惠收买人心,想方设法为自己树立荣誉、名声,这些行为都有悖于儒家的道德要求,所以作者说不如去扶持公众正义,不如去暗中广施恩德。结识新朋友固然好,但不能忽略了老朋友,能成为老朋友的人才是一生的财富。至于说崇尚奇节异行,那就有标新立异之嫌了,肯定会引人侧目、非议,所以,还是在平时的生活中小心谨慎为好。

二八〇

公平正论不可犯手[①],一犯手则遗羞万世;权门私窦[②]不可着脚,一着脚则玷污终身。

〔注释〕

①犯手：违犯。

②私窦（dòu）：私门，犹如现在说的“后门”。窦，洞、孔。

〔译文〕

公平正确的行为准则不可伸手触犯，一旦触犯就会留下万世羞辱；权贵豪富之家的私门不可轻易涉足，一旦涉足就会留下终生污点。

〔点评〕

《论语·雍也》记载了这样一件事：子游做了武城的长官。孔子说：“你在那里得到人才了吗？”子游回答说：“有一个叫澹台灭明的人，从来不走邪路，没有公事从不到我屋子里来。”人们把澹台灭明的这种做法叫作“行不由径”。

人都具有社会属性，都是社会关系中的一员，不同的人有不同的行为准则和道德底线。作者划定了两条行为界限：社会大众所公认的行为准则不能触犯，依附权贵之门、参与营私舞弊的地方不能涉足。这两条行为界限，反映了一位落寞士子高尚的内在修养，非常值得肯定，也很有现实意义。

二八一

曲意而使人喜①，不若直节②而使人忌；无善而致人誉，不如无恶而致人毁。

〔注释〕

①曲意：委屈自己的意志而奉承别人。

②直节：刚正不阿，正直而有节操。

〔译文〕

曲意奉承而使人欢喜，不如正直不阿而让人畏忌；没做善事却得到别人赞誉，不如没做恶事却被别人诋毁。

〔点评〕

如果曲意奉承别人，即便能博得别人的欢心，那也是违背自己的意志，况且曲意奉承也未必就能讨得所有人的欢心，还不如保持刚直不阿的品德，让那些品行不端的人去嫉恨。没做很多的善行却受到别人的赞誉，心里应该有愧，如果沾沾自喜，那又与欺世盗名的小人何异？作者的本意在于宣扬正直、反对钓誉。

二八二

处父兄骨肉之变，宜从容，不宜激烈；遇朋友交游之失，宜剀切①，不宜优游②。

〔注释〕

①剀(kǎi)切：直截了当，恳切规劝。
②优游：宽待。这里指犹豫不决、模棱两可。

〔译文〕

处理父兄或骨肉至亲之间的变故，应当从容镇定，不宜态度激烈；遇到朋友知交出现过失，应当直截了当地规谏、批评，不宜过分宽容、模棱两可。

〔点评〕

对于家庭成员之间的矛盾,处理起来态度不能过于激烈,一定要耐心沟通,采取一种非常谨慎的态度。家庭成员之间毕竟是血缘亲情,不能激化矛盾,反目成仇。如果发现朋友有什么过失,不应该听之任之、模棱两可,而应该直言相劝、正面批评。正如《孝经·谏诤》里所说:"士有争友,则身不离于令名。"真正的好朋友之间就应该互相砥砺。

二八三

小处不渗漏①,暗处不欺隐②,末路不怠荒③,才是真正英雄。

〔注释〕

①渗漏:本指浪费消耗,这里比喻在小事上不出纰漏。袁燮《洁斋集》:"故储蓄则为莫大之利,渗漏则为莫大之害。"

②暗处不欺隐:处于没人看见的暗处,也不做欺瞒败德之事。

③末路不怠荒:末路,失意潦倒、穷途衰败。怠荒,懒惰、颓丧。

〔译文〕

在细微之处不出现疏忽、纰漏,在不为人知的地方不欺骗、隐瞒,在失意潦倒的时候不懈怠、荒疏,才是真正的英雄。

〔点评〕

其实,英雄并不单是指亲冒矢石,在刀光剑影里奔突冲杀的人。诚如此处所说,那些处事周密、德行细谨,甚至于在失意潦倒时而不懈怠、荒疏的人,才是真正的英雄。因为在两军阵上亲冒矢石、视死如归固然可敬可佩,然而,做到处事周密、德行细谨,甚至于在失意潦倒时而不懈怠荒疏更为不易,许之为真英雄又有何不可?

二八四

惊奇喜异者,终无远大之识;苦节独行①者,要有恒久之操。

〔注释〕

①苦节独行:苦节,艰苦卓绝、守志不渝。独行,志节高尚,不随俗浮沉。

〔译文〕

对于奇异事物、行为惊讶又喜好的人,不会有高远、宏大的见识;坚苦守志、不随俗浮沉的人,就要有持久永恒的操守。

〔点评〕

前一句是说人的志趣:对于奇异事物表现出浓厚兴趣的人,不会有高深的学问和远见卓识,因为这种人喜欢猎奇,喜欢怪诞不经、标新立异,很难沉下心来好好做学问。后一句是说人的操行:如果一个人刻苦潜修名节,超凡特立,那一定要有长久不变的操守,耐得住寂寞,守得住艰苦,不然的话只能是前功尽弃。

二八五

当怒火欲水正腾沸时,明明知得,又明明犯着。知得是谁？犯着又是谁？此处能猛然转念，邪魔[1]便为真君子矣。

〔注释〕

①邪魔：佛教用语，指邪恶的魔鬼。这里借指人的各种欲念。

〔译文〕

当愤怒的火焰、欲望的潮水正在沸腾翻涌之时，明明知道这样不对，却又明明干着违背原则的事情。知道不对的是谁？明知故犯的又是谁呢？如果这个时候能猛然转变念头，息止怒火欲水，那么就由邪魔变成真正的君子了。

〔点评〕

很多时候人最需要的是战胜自己。人有七情六欲，当怒火中烧，或欲水泛滥的时候，人往往难以克制自己，明明知道不对，但又偏偏去做不对的事情。这个时候必须冷静下来，如果这时候能猛然觉悟，转变念头，那么刚才那个冲动的邪魔就变成真正的君子了。所以，两千多年前的老子就说："胜人者有力，自胜者强。"（《道德经》第三十三章）

二八六

毋偏信而为奸所欺，毋自任[1]而为气所使，毋以己之长而形[2]人之短，毋因己之拙而忌人之能。

〔注释〕

①自任：自负。

②形:对比。

〔译文〕

不要因为偏听、偏信而被奸诈之人欺骗,不要因为自负、任性而被意气驱使,不要用自己的长处去对比别人的短处,不要因为自己笨拙而忌妒别人的才能。

〔点评〕

片面听信而被人蒙蔽,自负任性而意气用事,以己之长比人之短,气量狭隘而嫉贤妒能,这些都是人们常见的缺点。在《论语·子罕》中,孔子指出人应注意四点:毋意,毋必,毋固,毋我。对此,作者在这里提出了做人的"四不"原则:不偏听偏信,不刚愎自用,不自以为是,不嫉贤妒能。

二八七

人之短处,要曲为弥缝[①],如暴而扬之,是以短攻短;人有顽[②]的,要善为化诲,如忿而嫉之,是以顽济顽。

〔注释〕

①曲为弥缝:曲,曲折、婉转、含蓄。弥缝,弥补、掩饰,免使暴露。

②顽:愚妄、劣顽。

〔译文〕

对于别人的短处,要委婉地加以弥合、补救,如果到处暴露宣扬,那就是用自己的短处去攻击别人的短处了;对于别人的愚顽,要善于感化、教诲,如果用愤怒、厌恶的态度对待他,那就是用自己的愚顽去助推别人的愚顽了。

〔点评〕

人与人之间相处,其实是一门很大的学问,应该注意方式方法。发现别人的短处,要委婉地给以掩饰、补救,这是一种仁恕的态度;对于别人的愚顽、过错,要耐心地感化、教诲,这是一种教育的方法。如果把别人的短处到处宣扬,对别人的愚顽怨恨憎恶,那么就是用错误的方式对待错误,怎么能帮助别人?

二八八

遇沉沉①不语之士,且莫输心②;见悻悻自好③之人,应须防口。

〔注释〕

①沉沉:深沉、隐秘,城府很深。

②输心:推心置腹,表示真心。

③悻悻自好:悻悻,刚愎傲慢、气量狭小的样子。自好,自以为是。

〔译文〕

遇到阴沉不语、城府很深的人,暂且不要向他坦露真心;见到刚愎傲慢、气量狭小的人,必须注意少说为佳。

〔点评〕

这里仍然谈论的是人与人之间的相处之道。与人交往,如果对方面无表情、沉沉不语,这种人城府太深,其心难测,所以不要急于与他推心置腹、坦诚相待;如果遇到高傲自大、自以为是的人，这种人往往自视甚高、心胸狭窄，所以要注意言辞谨慎，最好还是少说为佳，免得招惹是非。作者的这些待人之道，不能简单地认为是虚伪圆滑，采取恰当的方式、方法对待不同的人，这既是对别人的尊重，也是一种自我保护。

二八九

念头昏散[①]处，要知提醒；念头吃紧时，要知放下。不然恐去昏昏之病，又来憧憧[②]之扰矣。

〔注释〕

①昏散：迷惑。

②憧憧（chōng）：形容往来不定或摇曳不定。这里指心神不定的样子。

〔译文〕

念头昏乱迷惑时，要知道保持清醒振作；念头沉重紧迫时，要知道适时放下负担。不然的话，恐怕去除了昏乱糊涂的毛病，又惹来心神不定的困扰。

〔点评〕

做人做事要张弛有度。“文武之道，一张一弛”，治理一个国家是这样，人们工作生活也是这样。当头脑昏沉、无精打采时，要提醒自己振作精神，保持清醒敏锐的头脑；当压力过大、心理紧张时，可以暂时将事情放一放，让自己轻松一下。这样既不会因过于松弛而难有收获，也不会因过于紧张而效率低下，这里面所体现的基本精神就是张弛有度。

二九〇

霁日青天，倏变为迅雷震电；疾风怒雨，倏转为朗月晴空。气机[①]何尝一毫凝滞？太虚[②]何尝一毫障蔽？人之心体亦当如是。

〔注释〕

①气机：这里比喻主宰气候变化的大自然。气，构成天地万物的本原物质。机，使气变化的本质力量。

②太虚：这里指天空。《文选·游天台山赋》："太虚辽廓而无阂。"注："太虚，谓天也。"

〔译文〕

刚刚雨过天晴，忽然又变为雷鸣电闪；刚才还疾风骤雨，忽然就转为朗月晴空。大自然何曾一刻停止过运动变化？老天爷何曾丝毫掩饰过喜怒哀乐？人的心地行为也应该像大自然那样生机勃勃、光明磊落。

〔点评〕

这里以大自然喻人，以天道喻人道。人类本来就是大自然的一分子，所以应该以大自然为榜样，心性也像大自然一样毫无"凝滞""障蔽"。大自然生生不息，一刻也没停止过运动变化，人类更应该好好创造、努力追求；大自然未曾丝毫掩饰自己的喜怒哀乐，人类也应该光明磊落、不障不蔽。

二九一

胜私制欲之功，有曰识不早、力不易者，有曰识得破、忍不过者。盖[1]识是一颗照魔的明珠[2]，力是一把斩魔的慧剑[3]，两不可少也。

〔注释〕

①盖：句首语气词。

②照魔的明珠：照妖魔的明月珠。《净土论注》上说，把明月珠“置之浊水，水即清净；投之浊心，念念之中罪灭心净”。

③慧剑：佛教用语。把智慧比喻为利剑，能斩断一切烦恼。《维摩经·菩萨行品》：“以智慧剑，破烦恼贼。”

〔译文〕

战胜私心克制欲念的功夫，有人说是因为认识到危害不够早或定力不够而无法获得，有人说是因为虽能够识破危害，却抵御不过诱惑而无法获得。所以，智慧是一颗照见邪魔的明珠，定力是一把斩杀邪魔的利剑，二者缺一不可。

〔点评〕

私心杂念人人都有，如何才能战胜私心杂念？作者认为，要靠“识”与“力”，二者缺一不可。所谓“识”，就是人的智慧。具备了“识”，就能看透哪些才是真正有价值的东西，哪些终是过眼云烟，就会理性地约束自己的行为，就不会在欲海中随波逐流。作者这里所说的“力”，是指一个人的定力。要想“胜私制欲”，有了“识”只是第一步，还必须有坚强的意志力去战胜和克服私心杂念。所以作者说，人的智慧是“照魔的明珠”、定力为“斩魔的慧剑”。

二九二

横逆[1]困穷,是锻炼豪杰的一副炉锤。能受其锻炼者,则身心交益;不受其锻炼者,则身心交损。

〔注释〕

①横逆:横,意想不到的灾祸。逆,诸事不顺。

〔译文〕

意外之灾、逆境坎坷、穷困窘迫,是锻造锤炼英雄豪杰的一副熔炉和锤砧。经受得住这种锻炼的人,身体和精神都会从中受益;经受不住这种锻炼的人,身体和精神都会遭受损伤。

〔点评〕

古人有"宝剑锋从磨砺出,梅花香自苦寒来"一语,意在激励人们,只有经受过各种艰难困苦的考验,人的身心承受力以及待人应世能力才会有质的提高。孟子曾经说过:"天将降大任于斯人也,必先苦其心志,劳其筋骨,饿其体肤,空乏其身,行拂乱其所为,所以动心忍性,增益其所不能。"在孟子看来,种种挫折磨难,都是为了让他在困厄中锻炼成长,"增益其所不能"。

二九三

害人之心不可有,防人之心不可无,此戒疏于虑者;宁受人之欺,毋逆人之诈[1],此警伤于察者。二语并存,精明浑厚矣。

〔注释〕

①逆人之诈：简称“逆诈”，指事先即猜疑别人存心欺诈。

〔译文〕

陷害别人的心思不可以有，防范别人的心思不能没有，这是告诫那些思虑粗疏的人；宁可受到别人欺诈，也不要事先就揣度别人有诈心，这是告诫那些过于苛察的人。这两句话的要求都做到，就能既精细明察，又纯朴敦厚了。

〔点评〕

这里告诉我们，既然一心向善，便不可有构陷和加害别人的想法。但这并不是说，我们不提防别人加害自己。在利益面前，有些人性扭曲的人可能会不择手段。因此，在自己光明磊落、心地坦荡的同时，对于他人也不能毫无防备，以免被一些心术不正之人陷害利用。后一句话强调宁可受到别人的欺骗，也不能一开始就怀疑别人有欺诈之心，看起来与前者似乎矛盾，但这是在劝诫那些警惕性过高、想得太细的人。两个原则，分别适用于两种不同的人。

二九四

毋因群疑而阻独见，毋任己意而废人言，毋私①小惠而伤大体，毋借公论以快私情。

〔注释〕

①私：贪私、贪图。

〔译文〕

不要因为大家都怀疑而不敢发表自己独有的见解，不要因为固执己见而废弃别人的言论，不要因为贪图一点儿私利而损害大局，不要借助公众舆论来让自己内心的私情痛快。

〔点评〕

这里在告诫那些没有担当意识、固执己见、贪占小便宜以及假公济私的人。有些时候，真理可能掌握在少数人手中，所以，面对群疑发表自己的见解就是一种担当；能够包容别人的意见是一种开明的态度，所以，有时聆听也是一种美德；有些人格局狭小，境界不高，因此，也要提防这种人因私废公；还有一种人，利用舆论导向，排斥异己、发泄私愤，所有这些都是我们应该防备的。

二九五

善人①未能急亲，不宜预扬，恐来谗谮之奸②；恶人未能轻去，不宜先发，恐招媒孽③之祸。

〔注释〕

①善人：与人友善。善，友善、亲善。下文的“恶人”，即厌恶别人。

②谗谮(zèn)：诽谤诬蔑，恶言中伤。

③媒孽：媒，酒母。孽，酒曲。本义是酝酿，引申为构陷诬害，酿成其罪。

〔译文〕

和一个人友善，不能太急切地与其亲近，也不宜预先到处宣扬，因为恐怕因此遭到奸邪之人的恶言中伤；讨厌一个人，也不能很轻率地离开他，更不宜预先声明，因为恐怕因此招来被构陷、诬害的祸事。

〔点评〕

想和一个人友善，讨厌一个自己不喜欢的人，这是人们生活中经常碰到的事情，看起来也并不是一件复杂的事情。但简单之中有时也会有复杂的情形。作者在这里的提醒是很有道理的。做一件事应该有缓急，所谓事缓则圆；很多事应该先做后说，即行在言前。只有这样，才会少出纰漏，并避免一些有心人使绊子、搞破坏。

二九六

青天白日的节义，自暗室屋漏[①]中培来；旋转乾坤的经纶，从临深履薄[②]中操出。

〔注释〕

①暗室屋漏：指别人看不见的地方。
②临深履薄：如临深渊、如履薄冰，比喻做事非常谨慎小心。

〔译文〕

青天白日般光明磊落的气节道义，是从不欺暗室、不愧屋漏之中培养的；旋转乾坤般治国理政的本领，是从如临深渊、如履薄冰的小心谨慎中练就的。

〔点评〕

前一句是说人的气节道义是从人们看不见的地方一点一点

培养出来的,这里尤其强调了“慎独”的意义。后一句意思出自《论语》。仲弓问孔子什么是仁,孔子说了这样一句话:“出门如见大宾,使民如承大祭。”意为为了治理国家而修成君子仁德,就需要对人对事小心翼翼。所以,君子能有旋转乾坤的治国本领就是这样练就的。

二九七

父慈子孝,兄友弟恭,纵做到极处,俱是合当如是,着不得一毫感激的念头。如施者任德①,受者怀恩,便是路人,便成市道②矣。

〔注释〕

①任德:听任别人报答恩德。

②市道:商贾逐利之道,市场交易。

〔译文〕

父母慈爱,儿女孝顺,兄长友爱,弟妹恭敬,纵然做到极致,也都是理所应当,不应该存有一丝一毫让人感激的念头。如果施与的一方觉得自己对别人有德,接受的一方总是怀有感恩之情,骨肉至亲就变成萍水相逢的路人,亲情交流就变成市场交易了。

〔点评〕

作者认为,父母子女、兄弟姐妹等家庭成员之间,无论怎样慈爱、孝顺、友爱、恭敬都是应该的,“施者”不应该“任德”,“受者”也无须“怀恩”。其实用现在的道德要求来看,作者只说对了一半，作为“施者”，父母兄长对于子女弟妹的关心爱护，的确不应该要求什么回报；但是作为“受者”，子女弟妹对于父母兄长的养育爱护，不能不怀有感恩之心。施者不任德、受者当怀恩，这是做人的基本要求，与市场交易“风马牛不相及”。

二九八

炎凉之态，富贵更甚于贫贱；妒忌之心，骨肉尤狠于外人。此处若不当以冷肠，御以平气，鲜[1]不日坐烦恼障[2]中矣。

〔注释〕

①鲜（xiǎn）：很少。

②烦恼障：佛教用语。指以“我执”为首的诸烦恼，这些烦恼能扰乱身心，能障碍涅槃，故名为烦恼障。

〔译文〕

人情炎凉之态，富贵之家表现得比贫寒人家更厉害；妒忌的心理，至亲骨肉之间表露得比陌路之人尤其凶狠。在这些地方，如果不用冷静的态度去应付，不能让自己心气平和一些，那就很少不是每天都深陷烦恼之中了。

〔点评〕

人情的冷暖、世态的炎凉，富贵人家比贫苦人家表现得更明显，因为富贵之家经历这种事情的机会多，因而也往往表现得比贫困人家更势利。嫉妒是人们常有的一种心理表现，但是一般来说，人们并不嫉妒与自己差别很大的人，就像一个乞丐并不嫉妒亿万富翁，而是嫉妒比他多乞讨到几个铜板的乞丐那样，嫉妒心理较多地产生于较为熟悉的、生活背景大致相同的人群中，所以“骨肉尤狠于外人”。面对世态炎凉和嫉妒之心，血缘关系之间也没有好办法克服，作者也只能提醒人们要平心静气，冷静对待。

二九九

功过不宜少混，混则人怀惰隳[①]之心；恩仇不可太明，明则人起携贰[②]之志。

〔注释〕

①惰隳(huī)：懈怠、苟且，不求上进。隳，毁坏。

②携贰：离心，有二心。贰，二心。

〔译文〕

对于功劳与过错不应有一点儿含混，如果混淆不清，就会使人怀有懈怠、苟且的心理；对于恩德和仇怨不能表现得太过分明，恩怨过于分明，就会让人离心离德，生出背叛之志。

〔点评〕

“功过不宜少混”，是从用人的角度说，作为管理者，对于下属的功劳和过失不应有一点儿混淆，而应该赏罚分明，如果含混不清，就会让有功之人有某种挫败感，谁还会努力做贡献？“恩仇不可太明”，是从做人的角度说，别人的恩情和仇怨，自己心里有数就可以，不要表现得过于分明，如果太分明，那些与自己有过节的人，就会产生背叛之心。这种当清则清、宜混则混的待人处事原则,需要很高的修为境界才能做到。

三〇〇

恶忌阴[①],善忌阳[②]。故恶之显者祸浅,而隐者祸深;善之显者功小,而隐者功大。

〔注释〕

①恶忌阴:过错、罪过忌讳掩盖、隐藏。阴,暗、隐。

②善忌阳:善行忌讳显露。阳,表面、外露。

〔译文〕

恶行忌讳掩盖、隐藏,善行忌讳宣扬、外露。所以,恶行明显、不隐藏的人造成的祸害浅,而深隐恶行的人造成的祸害深;善行宣扬、外露的人功绩小,而深隐善行的人功绩大。

〔点评〕

显而易见的坏人坏事所造成的灾祸较小,不为人知的坏人坏事所造成的灾祸较大。做了善事却到处宣扬,这是动机不纯,所以功德就小;默默行善不为人知,这是没有任何动机的本性之善,所以功德才大。不隐恶,说明“恶者”并非大恶,还可以挽救;不扬善,证明行善者不为求取名利,而是出于自然的本性,这才是真的行善。所以作者说:“恶忌阴,善忌阳。”

三〇一

德者才之主,才者德之奴。有才无德,如家无主而奴用事[①]矣,几何[②]不魍魉[③]猖狂?

〔注释〕

①用事:执事、掌权。

②几何:若干、多少。

③魍魉(wǎngliǎng):传说中的山川精怪。引申为各种各样的坏人。

〔译文〕

品德是才能的主人,才能是品德的奴仆。如果有才无德,就如同一个家庭之中没有主人而让奴仆管事那样,有多少不是妖魔鬼怪嚣张猖狂的呢?

〔点评〕

中国社会公认的人才评价标准是“德才兼备”首之,“有德无才”次之。而本条则是论述德与才的关系。作者认为,人的品德与才能的关系,是主人与奴仆的关系,品德是主人,才能是奴仆,就是说,才能必须在品德的掌控之下。对于这个问题,司马光在《资治通鉴》中有过很好的论述,“才者,德之资也;德者,才之帅也……德才兼备是圣人,无德无才是愚人,德胜于才是君子,才胜于德是小人”“君子挟才以为善,小人挟才以为恶。挟才以为善者,善无不至矣;挟才以为恶者,恶亦无不至矣”。所以,古往今来,“德才兼备,以德为先”,都是用人上的金科玉律。

三〇二

锄奸杜幸①,要放他一条去路。若使之一无所容,便如塞鼠穴者,一切去路都塞尽,则一切好物都咬破矣。

〔注释〕

①锄奸杜幸:灭除奸邪,阻止佞幸。锄,灭除。杜,阻止。

〔译文〕

铲除奸诈之人,杜绝他们的幸进之路,要给他们留一条退路。倘若让他们毫无容身之处,就好像堵塞老鼠洞的人一样,把老鼠所有的逃生之路全都堵塞,走投无路的老鼠就会把一切好东西全都咬坏。

〔点评〕

铲除邪恶奸诈之人,杜绝他们的晋升之路,但是要给他们一条改过自新、重新做人的退路。如果逼得太急,让他们走投无路的话,他们就会狗急跳墙,给你拼个鱼死网破,所造成的损失就会更大。所以《孙子兵法·军争》中说:“归师勿遏,围师必阙,穷寇勿迫,此用兵之法也。”

三〇三

士君子贫不能济物[1]者,遇人痴迷处,出一言提醒之,遇人急难处,出一言解救之,亦是无量功德矣。

〔注释〕

①济物:这里是指济人以物,即济人、助人。

〔译文〕

读书君子家境贫穷,没有能力救济别人的,如果遇到别人有痴迷不悟的地方,能用一句良言去提醒他,遇到别人陷于危难的时候,能用一句公道话去解救他,这也是不可估量的功德啊。

〔点评〕

人们常说"一介书生",其中就包含了贫困无用之意,穷书生往往自顾尚且不暇,济物救人确实力不从心。但是,没有财物,却应该有智慧与正义感,当别人为某件事执迷不悟时,可以提醒他使他顿悟,当别人发生危难时,可以为他仗义执言,使他摆脱困境。对于一介穷书生来说,这是应该做到也能够做到的,这也算是功德无量了。

三〇四

处己者[①]触事皆成药石,尤人[②]者动念即是戈矛,一以辟众善之路,一以浚诸恶之源[③],相去霄壤矣。

〔注释〕

①处己者:反省自己的人。

②尤人:怨人、恨人。

③浚诸恶之源:疏浚一切罪恶的根源。浚,挖深、疏通。

〔译文〕

善于反省自己的人,所遇到的每一件事情,都能成为自身进步的药物针石;习惯埋怨别人的人,所萌动的每一个念头,都是伤人害己的利刃长矛。一者开辟了通向一切善事的道路,一者浚通了诸多恶事的根源,二者相比相差太远了,简直是一个天上一个地下。

〔点评〕

遇事多从自身找原因，多反省、检讨自己，这不仅是一种传统美德，也是自我塑造、自我提升的前提。如果善于自我反省，总结经验教训，那么他所经历的每一件事情都是自身进步的良药。还有一种人，遇事不从自身找原因，总是把诸多不顺归咎于客观因素，总是怨天尤人。这种人往往心浮气躁，习惯于对他人大加指责，所产生的每一个念头都是害人害己的戈矛。两种情况，最终的结果相去甚远，而原因皆在于自身，究竟采取何种态度面对生活，人们应该明辨。

三〇五

事业文章，随身销毁，而精神万古如新；功名富贵，逐世转移[①]，而气节千载一时[②]。君子信[③]不以彼易此也。

〔注释〕

①逐世转移：随着世情变化而转移。

②千载一时：千年仿佛一时，比喻永恒不变。

③信：的确、确实。

〔译文〕

事业和文章，都会随着肉体的死亡而消亡毁灭，但是人的精神却可以万古如新；功名和富贵，都会随着时代的变迁而发生转移，但是人的气节却能永存不朽。君子是绝对不会用一时的事业文章、功名富贵去换取万古永恒的精神气节的。

〔点评〕

《左传·襄公二十四年》记载了鲁国大夫叔孙豹的一段话："豹闻之，太上有立德，其次有立功，其次有立言，虽久不废，此之谓不朽。"自此，通过立德、立功、立言，实现"三不朽"，便成为后世儒者毕生追寻的人生目标。但是，"立功"需要一个官场平台，且风险性极高，"立言"也需要较好的主、客观条件。这对于身处社会底层的贫寒士子来说，"立功""立言"的目标确实显得过于高远。"三不朽"中唯有"立德"，相对来说可以通过自身努力得以实现，所以作者说，事业文章、功名富贵较之于精神气节，"君子信不以彼易此也"。

三〇六

鱼网之设，鸿则罹其中①；螳螂之贪，雀又乘其后②。机里藏机，变外生变，智巧何足恃哉。

〔注释〕

①"鱼网"二句：张网捕鱼，捉到的是鸿雁。指鸿雁因贪吃而误入渔网。罹(lí)，遭受、罹难。《诗经·邶风·新台》："鱼网之设，鸿则离之。"后以"渔网鸿离"比喻得非所愿。

②"螳螂"二句：《说苑·正谏》，舍人孺子对吴王说："园中有树，其上有蝉，蝉高居悲鸣饮露，不知螳螂在其后也。螳螂委身曲跗欲取蝉，不知黄雀在其旁也，黄雀延颈欲啄螳螂，而不知弹丸在其下也。此三者皆欲得其利而不顾后之有患也。"后以"螳螂捕蝉，黄雀在后"比喻目光短浅，只见眼前利益而不顾后患。

〔译文〕

渔人设下渔网，鸿雁却因为捕食网中的鱼儿，落到了渔网之中;螳螂贪吃眼前的蝉,却不知道黄雀躲在它背后。机关里面藏着机关,变故之外又生变故,可见,智术巧诈怎么能仗恃呢?

〔点评〕

“螳螂捕蝉,黄雀在后”这个成语说明,人们往往只看到眼前的利益,而看不到掩藏着的祸患。人生中时刻潜伏着危机,要想避免祸端,就必须戒止贪欲,不能只见眼前利益而不顾后患。人世间的事情变幻莫测,玄机里面暗藏玄机,变化之外再生变化,如果心术不正,人的那点儿智慧和计谋又有什么用呢。“人算不如天算”,最好的避祸之法就是戒除贪欲,厚德载物,以不变应万变。

三〇七

作人无一点真恳的念头,便成个花子①,事事皆虚;涉世无一段圆活的机趣②,便是个木人,处处有碍。

〔注释〕

①花子:元明称骗子为“花子”。这里指华而不实的人。花,迷惑人。

②机趣:这里指机智、情趣。

〔译文〕

做人如果没有一点儿真诚恳切的念头,就成了一个华而不实的人,所做的每一件事都是虚伪的;处世如果没有一些变通圆融的机巧情趣,便像个呆头呆脑的木头人,所到之处都会碰到障碍。

〔点评〕

这里谈做人处世的两个原则——真诚与圆融。首先，做人如果没有一点儿真诚、恳切的念头，那就是一个华而不实的人，做事都很虚伪；但是，处世如果不懂得随机应变，那就成了木头人，处处都会受到障碍。显然作者认为，做人处世的最恰当方式，就是既要怀有真诚、恳切的念头，又要懂得圆融变通。这里需要特别说明的是，圆融变通不是阴谋手段，不是算计别人，而是生活智慧的浓缩与提炼，是一种于人于己都有益的交流方式。

三〇八

事有急之不白[①]者，宽之或自明，毋躁急以速其忿；人有切之不从[②]者，纵之或自化[③]，毋操切以益其顽。

〔注释〕

①急之不白：越急着让他说清楚反而越说不清楚，或越急切地表白心迹越得不到别人的信任。

②切之不从：越急切地要求别人，别人越不随从。

③自化：自己觉悟。《老子》第五十七章："我无为而民自化。"

〔译文〕

有些事情，越是急着让当事人说清楚，他可能越说不清楚，如果宽容他一段时间，可能会自然而然地不言自明。所以，这种情况下不要心急气躁，以免招来他的愤怒、怨恨。人犯了错，越是急切地要求他改正，他可能越是拒不听从，如果对他放松一些，他可能自己就想明白了。所以，这种情况下不要过于苛刻，以免使他产生抗拒心理而变得更加顽劣不化。

〔点评〕

越是急着想弄清楚的事情，往往越弄不清楚，如果宽限一些时间冷处理一下，以后自然会明白，还可以避免紧张气氛；越是急切地想让别人改正缺点、错误，他可能越是不想听从，如果放松约束，他可能就会自己想明白，这样也不会增加他的抵触情绪。世上的很多事情，热处理不如冷处理效果好；要求他人改正缺点，正面批评不如耐心疏导、鼓励效果好。

三〇九

节义傲青云，文章高《白雪》，若不以德性陶熔[1]之，终为血气之私[2]，技艺之末。

〔注释〕

①陶熔：陶冶、熔炼、化育。

②血气之私：因私情而产生的一时冲动。

〔译文〕

纵然节操义行可以傲视青天白云，文章高妙典雅犹如《阳春白雪》，假如不用德行去陶冶、熔炼它，那么节义终究是因私情而产生的一时冲动，文章也不过是技艺中的末流。

〔点评〕

无论是高傲的节义还是精妙的文章，都必须用人的德行去锻炼、陶熔。如果没有德行贯穿其中，那么所谓超凡脱俗的节义，终究不过是因私情而产生的血气冲动，没有恒久的动力；所谓非同凡响的文章，也只不过是一种微不足道的雕虫小技，缺少持久的美感。所以，无论是做人还是为文，首先需要强化的是对自身内在品质的追求，让自己的德行充盈厚重，其他都是“技艺之末”。

三一〇

谢事[①]当谢于正盛之时，居身宜居于独后[②]之地，谨德须谨于至微之事，施恩务施于不报[③]之人。

〔注释〕

①谢事：不管事，后比喻辞官。谢，推辞、拒绝。

②独后：只有自己在最后，指不与人争先。

③不报：这里指无力回报。

〔译文〕

辞官谢事，应当辞在最鼎盛的时候；立身处世，适合处在所有人的后面；谨慎修德，必须谨于最细微的事情；布施恩德，务必施与无力报恩之人。

〔点评〕

引退要在自己的事业处于鼎盛期的时候，这样才能显示隐退的决心，也提防盛极而衰的情形出现；立身于社会当中，最好是立于不与他人争先的地方，这样才能真正地修养心性；加强品德修养，必须在最细微的地方严格要求自己，这样才能增益自己的德行；施恩不能图报，恩惠应该施与那些根本无力回报的人，这样才是真正的善举。如果都能按照作者的这些告诫行事做人,社会和人生将会变得朗朗而美好。

三一一

德者事业之基,未有基不固而栋宇[1]坚久者;心者修行之根,未有根不植而枝叶荣茂者。

〔注释〕

①栋宇:泛指房屋。

〔译文〕

美好的品德是事业的基础,没有基础不坚固而房屋却能坚固持久的;善良的心地是修行的根本,没有根不深扎地下而枝叶却能繁荣茂盛的。

〔点评〕

品德是一切事业的根基,正如盖房子一样,如果基础不坚固,修建的房屋就不可能坚固耐用。心地是修行的根本,就像栽花种树一样,如果根没有深扎在土地里,就不可能有枝叶茂盛的景象。品德与事业,心地与修行,它们之间的关系,就像基础与房屋、根茎与枝叶的关系,作者运用类比的方法,很好地说明了品德、心地对于事业、修行的决定作用。

三一二

念头宽厚的,如春风煦育[1],万物遭之而生;念头忌克[2]的,如朔雪阴凝[3],万物遭之而死。

〔注释〕

①煦育：温暖使万物萌发生长。育，养育。
②忌克：妒忌、刻薄。
③朔雪阴凝：朔，北方。阴凝，雪因阴冷积而不化。

〔译文〕

心地宽和仁厚的人，如同春风般温暖和煦，万物遇到它都会萌发生长；内心妒忌刻薄的人，如同北方的寒雪阴冷寒凝，万物碰到它都会枯萎而死。

〔点评〕

人的性情千差万别，不同性情的人作用于其他人的效果也大不相同。宽和仁厚的人，处处与人为善，就像温暖和煦的春风，能让接触到的万物充满生机；忌恨刻薄的人，总是损人利己，就像北方阴冷凝冻的冰雪，万物遇到它都会凋谢死亡。作者用对比的方式把这两种人凸显出来，就是希望人们要做宽厚仁慈的人，而不要做那种歹毒刻薄之人。如果我们身边有这样忌恨刻薄的人，而又一时难以感化、转化，那么还是远远避开为好。

三一三

勤者敏[①]于德义，而世人借勤以济其贪；俭者淡于货利，而世人假俭以饰其吝。君子持身之符[②]，反为小人营私之具[③]矣，惜哉！

〔注释〕

①敏：这里指努力、勤勉。《论语·述而》："我非生而知之者，好古，敏

而求之者也。”

②持身之符：行事的准则、修身的法宝。符，古代朝廷用以传达命令、调兵遣将的凭证。这里引申为修身处事的准则。

③营私之具：谋求私利的工具。

〔译文〕

勤奋的人，勤勉于自己的道德信义，而世俗之人却假借勤奋之名，来满足自己的贪欲；俭朴的人，淡泊于货物财利，而世俗之人却假借俭朴之名，来掩饰自己的吝啬。君子修身立德的法则，反倒成了小人营求私利的工具，可惜啊！

〔点评〕

勤奋的人辛劳勤勉，为的是以此培养自己的德行和义理，而有的人偏偏假借勤奋的名义以满足自己的贪欲；俭朴的人对财物和金钱都很淡泊，而有的人偏偏打着俭朴的幌子，来掩饰自己的吝啬。同样是在勤奋、俭朴的名义下，行为人的动机不同，二者的结果也完全背道而驰。其实，借勤奋、俭朴之名，行贪婪、吝啬之实，这是彻头彻尾的欺骗。作者慨叹“君子持身之符，反为小人营私之具”，就是想提醒人们，一定要看到问题的实质，不要为华美的表面现象所迷惑。

三一四

人之过误宜恕，而在己则不可恕；己之困辱[1]宜忍，而在人则不可忍。

〔注释〕

①困辱：艰难与屈辱。

〔译文〕

对于别人的过错和失误应该宽恕，如果是自己的过错和失误则不可以宽恕；对于自己遭受的窘困和屈辱应该尽量忍受，若是别人遭受窘困和屈辱则不可旁观，而应该尽快施以援手。

〔点评〕

宽恕别人的过失和错误，这是做人的度量，不宽恕自己的过错和失误，是为了自身的修为进步，如果自己宽恕自己，那就不会认真吸取教训，难免再犯同样的错误。如果窘困和屈辱的事情发生在别人身上，就不能忍心旁观，这是做人的道义，自己遇到窘困和屈辱时应当尽量忍受。“恕”“忍”是儒家哲学中做人的基础品德，也是修养身心至关重要的一步。这其实就是中国人历来推崇的“严于律己，宽以待人”处世原则。

三一五

恩宜自淡而浓，先浓后淡者，人忘其惠；威宜自严而宽，先宽后严者，人怨其酷[①]。

〔注释〕

①酷：这里指残酷、暴虐。

〔译文〕

施恩于人，应该先淡薄些然后再慢慢浓一些，如果先浓而后淡薄的，别人容易忘记你先前的恩惠；立威于人，应该先严厉而后宽厚，如果先宽厚而后严厉的，别人容易怨恨你严酷。

〔点评〕

古人的所谓驭人之术，讲究恩威并用，这里就是谈应该怎样施恩与立威。人的欲望没有止境，施恩应该用"递增法"，先淡薄而后浓厚，若是先浓厚后淡薄，接受恩惠的人不仅会忘掉你以前的好处，还会感觉受到冷落，而滋生不满情绪。人都有懒惰散漫的习性，驭人确实需要立威，立威适合采用"递减法"，一开始应该严厉些，把管理对象引到正轨上来，如果先宽容后严厉，那么人们就会抱怨残酷无情。这样恩威并用，施之有术，才是一个出色的管理者。

三一六

士君子处权门要路①，操履②要严明，心气要和易。毋少随而近腥膻③之党，亦毋过激而犯蜂虿④之毒。

〔注释〕

①权门要路：权贵之门和显要地位。

②操履：操守和行事。

③腥膻：比喻秽恶的事物，或操行不好的人。

④蜂虿(chài)：蜂与蝎，毒虫的泛称。这里比喻恶毒小人。

〔译文〕

士人君子如果处于有权势的显赫地位，操守行事都要严明，心气要和顺平易。不能稍有依从附和的想法，以至于接近奸邪之人而同流合污；也不能有过于激烈的言行，以至于触犯恶毒小人而遭其陷害。

〔点评〕

如果士君子身居显耀位置应该怎么待人处世？作者说了两个原则：首先要求自己要严格，操履要严明，心气要和易，毋近腥膻之党；其次就是表现不能过激，避免因触犯阴险小人而遭其陷害。简单说就是，既要坚持自己的道德原则，又要学会藏锋敛志，明哲保身。作为儒学士子，以天下兴亡为己任的人文精神早已深植于他们的精神世界，而在当时的黑暗统治下，如果不同流合污就没有立身之地，甚至还会惹来杀身之祸。所以，既要坚持操守，又要明哲保身，实际上是一种痛苦而又无奈的选择，作者不时流露出这种矛盾的心态。

三一七

一念慈祥，可以酝酿两间[①]和气；寸心洁白，可以昭垂[②]百代清芬[③]。

〔注释〕

①两间：天地之间。
②昭垂：昭明流布。垂，流布。
③清芬：本义为清香，比喻德行高洁。

〔译文〕

心中存有慈祥的念头，便可以形成天地人世之间的和合之气；心地保持纯洁清白，便可以留给后世百代美好的名声。

〔点评〕

心有慈祥之念，就可以使天地间充满温暖平和的气息，这是说生前通过自己多行善举，来影响和改造社会；心地纯洁清白，就可以给后世留下千古美名，这是说靠自己的善行懿德，为自己赢得身后之名。作者所说的这种状况，是儒学士子把完善自身修养与实现社会价值完美结合起来的理想境界。古时候的每一位儒学士子，都是在道德自律的基础上，怀有“以天下为己任”的抱负，希望通过治国安邦，建功立业，明德于天下，来实现青史留名。

三一八

阴谋怪习、异行奇能，俱是涉世的祸胎。只一个庸德庸行[①]，便可以完混沌[②]而招和平。

〔注释〕

①庸德庸行：平常的德能和一般的行为。

②完混沌：使淳朴浑厚的心神完全而无损。完，使完整。混沌，古人认为开天辟地以前世界的样子是一片混沌，这里指淳朴浑厚的本源状态。

〔译文〕

阴谋诡计、古怪习气、特异行为、奇特才能，都是涉身处世中惹祸的祸根。只要谨守一般的道德规范和普通人的行为方式，就可以使自然淳朴的心神完好无损，给自己带来和顺、平静的生活。

〔点评〕

“阴谋怪习”当然不能被认同，但是作者连“异行奇能”都认为是“涉世的祸胎”，只推崇“庸德庸行”，认为只有“庸德庸行”

才能招来和平。作者说的这番话，对于他所处的那个时代以及他自身的文化背景来说，自然有他一定的道理，所以我们不应该简单地用“对”与“错”去评价作者的观点。但是，中国几千年的封建社会为什么发展缓慢，为什么我们被西方文明超越，从作者这番话里可见一斑：如果一个社会连“异行奇能”都不能容纳，大家都“庸德庸行”以求平安无事，那么这个社会还能靠什么发展进步？

三一九

语云：“登山耐险路，踏雪耐危桥。”一“耐”字极有意味。如倾险[①]之人情、坎坷之世道，若不得一“耐”字撑持过去，几何不坠入榛莽坑堑[②]哉？

〔注释〕

①倾险：指邪僻、险恶的用心。

②榛莽坑堑：这里指坎坷险要的处境。榛，杂木。莽，草木深邃的地方。堑，护城河。

〔译文〕

俗语说：“登山要耐得住险峻的道路，踏雪要耐得住危险的桥梁。”一个“耐”字，很有让人咀嚼的意味。就像邪僻、险恶的人心、崎岖坎坷的世道，倘若不用一个“耐”字支撑过去，有几个人不坠入乱草丛或沟壑之中呢？

〔点评〕

此处以登山和踏雪比喻人生之路需要隐忍。人处于世间，阴险邪恶的人情、坎坷凶险的世道，就像崎岖险峻的山路和积雪覆盖的危桥，如不用一个“耐”字支撑过去，几乎没有人不掉入荆棘遍布的沟壑之中。“耐”字是“他强由他强，清风拂山岗”的隐忍，“耐”字是“留得青山在，不怕没柴烧”的坚守。所以，“耐”字不是消极忍受，而是一种能力和技巧，需要长期的生活历练才可以获得增益，这才是“耐”字的真正含义。

三二〇

不昧己心，不拂人情，不竭[1]物力，三者可以为天地立心，为生民立命，为子孙造福[2]。

〔注释〕

①竭：穷尽。

②“为天地立心”三句：“立心”乃立公心，“立命”乃立原则。《张子语录·中》：“为天地立心，为生民立道，为往圣继绝学，为万世开太平。”本书作者借此意与上三句相对应。

〔译文〕

不蒙蔽自己的良心，不违背人之常情，不竭尽物力财力，做到这三点，就可以为天地树立纯真的心性，为万民建立涉世的原则，为子子孙孙创造福祉。

〔点评〕

不蒙蔽自己的良心，方能做到大公无私、光明磊落，也才能为天地树立起纯真、公正的心性。不违背人之常情，才会情为民所系、利为民所谋，才有资格为万民建立涉世的原则。不滥用人力、物力，才会用度适当，为后世发展留下余地，为子子孙孙造福。

三二一

居官有二语，曰："惟公"，[1]则生明；"惟廉"，则生威。居家有二语，曰："惟恕"，则平情；"惟俭"，则足用。"

〔注释〕

①公：公正、公平。

〔译文〕

做官必须遵守两句箴言："只有公正才能明辨是非，只有廉洁才能不怒自威。"治家必须遵守两句箴言："只有宽厚、仁慈才能有平和的气氛，只有俭朴持家才能盈余足用。"

〔点评〕

"公生明，廉生威"是为官的格言。只有大公无私，才能不受蒙骗，才能明辨是非，对事物做出正确的分析和判断；只有廉洁清白，不谋取私利，才能树立威望，赢得别人的拥护。"恕平情，俭足用"是治家的格言。家人之间要有宽恕的心胸、乐观的人生态度，这样全家人就能心平气和、和睦相处；过日子要坚持勤俭持家的原则，精打细算，量入为出，略有结余，这样才能使全家人过上富足的生活。作者谈的这些为官、居家之道，确实都是至理名言。

三二二

持身不可太皎洁，一切污辱垢秽要茹纳得[1]；与人不可太分明，一切善恶贤愚要包容得。

〔注释〕

①茹(rú)纳：容纳。茹，吃、吞咽。这里作“含”解。

〔译文〕

持节立身不可过于皎洁清高，一切污浊、屈辱、尘垢、秽恶之物，都要容纳得下；与人相处不可过于是非分明，一切善良、丑恶、贤能、愚拙之人，都要包容得住。

〔点评〕

这是“水至清则无鱼，人至察则无徒”的又一次发挥。做人不能太清高，所有污浊、屈辱、丑恶的东西都要能够容忍、接受；与人相处不能太好恶分明，一切善良、邪恶、贤能、愚蠢的人都要理解包容。常言说，“金无足赤，人无完人”“尺有所短，寸有所长”。社会上的人千差万别，不同的人有不同的特点，但人们常犯的错误就是喜欢用自己的标准去判断是非，以自己的好恶去评判优劣。其实正确的态度应该是：既要学会赏识别人的优点，也要懂得包容他人的不足。由此看来，作者的提醒还是很有必要的。

三二三

休与小人仇雠[1]，小人自有对头；休向君子谄媚，君子原无私惠[2]。

〔注释〕

①仇雠(chóu):亦作“仇仇”。仇人、冤家对头。

②私惠:私人恩惠。

〔译文〕

休要与小人结下仇怨,小人自有他的冤家对头;休要向君子献媚讨好,君子原本就没有私人恩惠。

〔点评〕

“小人”是与“君子”对立并存的人格概念。小人虽“小”,但能力不小,怎样与身边的小人相处,是人们务必慎重对待的课题。小人没有统一的标准,却又几乎是人性阴暗的集大成者,他们无事生非、挑拨离间、暗箭伤人、唯利是图、阳奉阴违、口蜜腹剑……君子的心思主要用来琢磨事,小人的精力则主要用在琢磨人上,在与君子的博弈中,小人往往不落下风,小人得志的时候并不少。所以,不与小人结怨,便成为与小人相处的首要原则。君子仁慈宽厚,不市私恩,因此不要向君子献媚邀宠,以免自取其辱。古人说,“敬君子方显有德,怕小人不算无能”,信哉斯言!

三二四

建功立业者,多虚圆[1]之士;偾事[2]失机者,必执拗之人。

〔注释〕

①虚圆:谦虚圆通之人。

②偾(fèn)事:败事。偾,败坏、毁坏。

〔译文〕

能够建功立业的人,大多是那种谦虚、圆融之士;败亡事业、错失时机的人,必定是那种固执、任性之人。

〔点评〕

这里谈灵活变通的重要性。常言说,“理是死的,人是活的”,事情都要靠人去做,做成什么样子往往取决于做事的人。谦虚、圆融之人懂得权衡轻重、灵活变通,往往能成大事;固执、任性之人不知变通,拘泥于一端而不计其余,尽管动机良好却往往坏了大事。不论做什么事,懂得灵活变通都非常必要。孟子在《孟子·离娄上》中,针对“男女授受不亲”与“嫂溺”这一伦理上的两难选择时说:“嫂溺不援,是豺狼也。男女授受不亲,礼也;嫂溺,援之于手者,权也。”“权”就是变通。用现在的话来说就是:做任何事情,都不能认死理,都应该是原则性与灵活性的统一。

三二五

俭,美德也,过则为悭吝[①],为鄙啬,反伤雅道[②];让,懿行也,过则为足恭[③],为曲礼[④],多出机心。

〔注释〕

①悭(qiān)吝:吝啬、小气。

②雅道:正道,忠厚之道。

③足恭:过分的恭顺。《论语·公冶长》:“子曰:巧言、令色、足恭,左丘明耻之,丘亦耻之。”

④曲礼:刻意而为的不正之礼。曲,邪僻、不正派。

〔译文〕

节俭是一种美德,如果过分节俭则变为吝啬,成为小气,反而有伤忠厚之正道;谦让是一种善行,如果过分谦让就成为假装恭敬,就变成谄媚取巧,这种过分谦让的背后,大多出于机巧功利之心。

〔点评〕

节俭与谦让,是传统道德标准中的两项重要内容,但是凡事都有度,因为节俭与谦让不能过了头。古人认为,高尚的道德情操源自俭朴的生活,而奢侈则是所有邪恶品性的基础,但是过分节俭就不再是美德,就成了吝啬鬼、守财奴,反而有伤正道。同样的道理,谦让本是善行,但过分谦让则是伪装出来的恭敬,就变成了讨好谄媚,背后多隐藏着机巧功利之心,就走到了善行的反面。

三二六

毋忧拂意,毋喜快心,毋恃久安,毋惮初难。

〔译文〕

不要过于忧虑于不顺心之事,不要太过欣喜于称心如意之事,不要自持享受着长久的安定而高枕无忧,不要畏惧事情起步时的困难而裹足不前。

〔点评〕

不要因为遇到不顺心的事而忧心忡忡，也不要因为碰上高兴的事而欣喜若狂，这是说人应该控制好情绪，喜怒不形于色；不要因为处于长久的安定而丢掉忧患意识，不要因为起步时的困难而畏惧不前，这是说人要有眼光、意志，不要被眼前的现象所障碍。能控制好自己的情绪，能正确看待眼前的境遇，这需要有宽广的襟怀、恒久的定力、远大的志向。

三二七

用人不宜刻①，刻则思效者②去；交友不宜滥③，滥则贡谀者④来。

〔注释〕

①刻：苛求、刻责。

②思效者：想效力的人。

③交友不宜滥：结交朋友要有原则，不要过多、过随意。《论语·季氏》：孔子曰："益者三友，损者三友。友直，友谅，友多闻，益矣；友便辟，友善柔，友便佞，损矣。"

④贡谀者：谄媚、逢迎之人。

〔译文〕

用人不宜太苛责，如果过于苛责，那些想效力的人也会离你而去；交友不可太杂滥，如果过于杂滥，那些喜欢献媚的人就会到你身边来。

〔点评〕

用人的关键在于识人,就是把每一个合适的人放在合适的位置上,使其充分发挥自己的长处;还有很重要的一点,就是不能过于苛责,如果过于苛责、刻薄,即使想为你效力的人也会离你而去。交友不同于用人,朋友之间主要以志同道合、趣味相投为基础,所以交友的标准要严格,不能太多太滥,孔子主张"毋友不如己者",就是希望通过跟那些道德、学识比自己高的人交朋友,来潜移默化地影响、提升自己。

三二八

事稍拂逆①,便思不如我的人,则怨尤②自消;心稍怠荒③,便思胜似我的人,则精神自奋。

〔注释〕

①拂逆:违背、不顺。

②怨尤:埋怨、不满。怨、尤同义。

③怠荒:懒惰、放纵。

〔译文〕

事情稍觉不顺心,便想想不如我的人,那么怨天尤人的想法就会自动消失;心思稍有懒惰、放纵,便想想胜过我的人,那么精神自然就会振奋起来。

〔点评〕

人要学会经常地宽慰自己、激励自己,才能做到不沮丧、不怠惰。俗语常讲,“比上不足,比下有余”,这不仅是教人满足于现状,更是要人们学会调适自己。处境不顺心的时候,就与那些不如自己的人比较,那么怨天尤人的消极情绪自然就会消失;心思懈怠、放纵的时候,就与那些胜过自己的人比较,那么精神自然就会振奋起来。前一种比较的思想基础是知足常乐,后一种比较是激发人的进取精神,两种看似矛盾抵触,实则是一种进退适度的精神状态的自我调适。

三二九

不可乘喜而轻诺,不可因醉而生嗔①,不可乘快而多事,不可因倦而鲜终。

〔注释〕

①嗔(chēn):发怒。

〔译文〕

不可乘着高兴而轻易许诺,不可因为醉酒而发怒,不可乘着畅快而寻衅滋事,不可因为倦怠而有始无终。

〔点评〕

不轻易允诺、不发怒、不惹是生非、不有始无终,这四种情况,稍有修养的人平时都能做到,但是在特殊情况下,则可能放松对自己的约束,所以作者做了特别提醒:不要因为一时高兴而轻易许诺,不要酒后胡乱发酒疯,不要乘着畅快惹是生非,不能因为疲惫、倦怠而让事情有始无终。怎样做人,一直是儒学思想的重要伦理观念。对于怎样做人,古人特别强调两方面:一是从生活中的点滴做起,二是强调要持之以恒。做人是个十分复杂的问题,涉及人们生活中的时时刻刻、方方面面,作者在本条中这四方面的提醒,还是很有必要的。

三三〇

钓水[①],逸事也,尚持生杀之柄[②];弈棋[③],清戏也,且动战争之心。可见喜事[④]不如省事之为适,多能不如无能之全真[⑤]。

〔注释〕

①钓水:指钓鱼、垂钓。
②柄:权力、权柄。
③弈(yì)棋:下棋。弈,围棋。
④喜事:多事、好事。喜,喜好。
⑤全真:保持纯真的本性,使心灵不受损害。真,真性、本性。

〔译文〕

水边钓鱼,本是一件清闲安逸的事情,还操持着对鱼类的生杀大权;下棋本是一项清新雅致的游戏,却挑动起攻城略地的心理。由此可见,喜好多事不如少事更为安逸闲适,有多种才能不如没有才能更能保全本性纯真。

〔点评〕

垂钓与下棋,本来都是悠闲安逸、清新雅致的事情,里面却操持着生杀之柄,充斥着争强斗胜的心理。所以作者说,多一事不如少一事更让人闲适,多能还不如无能更能保全自己的真实本性。作者的观点,应该是在坎坷的人生履历中总结出的生活经验,但是用现在的视角看确实有失偏颇。如果说“喜事不如省事之为适”还有一定的道理的话,那么“多能不如无能之全真”则不能令人苟同。且不说“无能”者是否就一定能“全真”,如果都秉持“多能不如无能”的理念,那么何谈匡扶正义、安邦兴国?“无能”不值得崇尚,“多能”更不是罪过,关键在于怎样去运用。

三三一

人解读有字书,不解读无字书;知弹有弦琴,不知弹无弦琴。以迹用不以神用①,何以得琴书佳趣?

〔注释〕

①以迹用不以神用:凭形迹来读书、弹琴,而不是用神思妙悟来读书、弹琴。迹,形迹。神,神思。

〔译文〕

人们懂得读有字之书,却不懂得读无字之书;知道弹奏有弦的琴,却不知道弹奏无弦的琴。只知道凭借形迹,却不知道运用神思妙悟,怎么能理解书、琴之中的高雅情趣呢?

〔点评〕

人情世事、社会生活、宇宙万物等,都是“无字之书”,相比于“有字之书”,“无字之书”更为博大深奥,所蕴藏的智慧更加无穷无尽。大自然就是一架“无弦之琴”,比“有弦之琴”更能弹奏出美妙绝伦的天籁之音。遗憾的是,人们往往只知道读“有字之书”，而不懂得读“无字之书”，只知道弹奏“有弦之琴”，而不知道弹奏“无弦之琴”。读“无字之书”，弹“无弦之琴”，不能只凭形迹，而应该用神思去领悟，这样才能深得其中佳趣。

三三二

山河大地已属微尘①，而况尘中之尘；血肉身躯且归泡影，而况影外之影。非上上智②，无了了③心。

〔注释〕

①微尘：佛教用语，指极细小的物质。

②上上智：最高等的智慧。

③了了：原指聪明伶俐，这里指洞彻事理。《世说新语·言语》：“小时了了，大未必佳。”

〔译文〕

山河大地，在整个大自然中都属于微小的尘埃，何况还有比它更小的尘埃中的尘埃；血肉之躯，终将归为虚无的泡沫幻影，何况还有泡影之外的泡影。不是最上等的智慧，便没有洞彻透悟之心。

〔点评〕

在广袤无垠的宇宙空间里，山河大地只是一粒细小的尘埃，那么人类只不过是尘埃中的尘埃；相对于宇宙时空的无限性来说，人的血肉之躯只不过是一个转瞬即逝的泡影，身外的功名利禄不过是泡影之外的泡影。把个体的人放在时空无限的宇宙视角去参照，人生的渺小性与短暂性就很清楚了，看透这些，积极的意义是有助于抑制贪欲，弱化争斗。这样的大彻大悟，需要最上等的智慧。

三三三

石火[①]光中争长竞短，几何光阴？蜗牛角上较雌论雄[②]，许大[③]世界？

〔注释〕

①石火：以石敲击，迸发出的火花，其闪现极为短暂。

②蜗牛角：蜗牛的触角。比喻微小之地。《庄子·则阳》："有国于蜗之左角者曰触氏，有国于蜗之右角者曰蛮氏，时相与争地而战。"蜗牛已很小，蜗牛角比喻很小的地方。后以"蜗角斗争"比喻因细微之事引起的争斗。

③许大：多大。许，些许。程度副词，表示量很少。

〔译文〕

在电光石火般短暂的人生中竞争寿命长短，又能争得多少光阴？在蜗牛触角般狭窄的空间里较量谁强谁弱，又能争到多大领地？

〔点评〕

这里化用白居易《对酒》（其二）中的诗句："蜗牛角上争何事，石火光中寄此身。随富随贫且随喜，不开口笑是痴人。"人们熙熙于尘世间，为了一些蜗角虚名、蝇头小利而忙碌争斗，一个很重要的原因就是人们未能从一个超然的视角看清自己。如果从宇宙时空的角度看待人生，就会觉得人世间的某些争斗简直就是荒唐可笑。生命历程如电光石火般短暂，又能争到多少的光阴？在蜗牛角上你争我夺，又能争夺到多大的空间？只有真正的智者才能洞彻人生，就像北齐人刘昼说的，“人之短生，犹如石火，炯然以过，唯立德贻爱为不朽也”。

三三四

有浮云富贵①之风，而不必岩栖穴处；无膏肓泉石②之癖，而常自醉酒耽诗。竞逐听人③而不嫌尽醉，恬淡适己而不夸独醒。此释氏所谓不为法缠、不为空缠、身心两自在者④。

〔注释〕

①浮云富贵：把富贵看作浮云。《论语·述而》：“不义而富且贵，于我如浮云。”

②膏肓泉石：酷爱山水泉石达到不可救药的程度。膏肓，心尖脂肪为膏，心脏与膈膜之间为肓，比喻为绝症，无可救药。也指难以改正的缺点错误。

③竞逐听人：听任别人竞高争低。

④“此释氏”句：释氏，佛姓释迦的略称，亦指佛或佛教。法，佛教用语。指事物及其现象，亦特指佛法。空，佛教用语。谓万物从因缘生，没有固定，虚幻不实。

〔译文〕

如果真有视富贵如浮云的风骨，就不必非得居住到深山洞穴之中；不酷爱清泉岩石，也能常饮酒赋诗，并乐在其中。听任别人追名逐利，却不嫌恶他们全都沉醉在人欲之中；淡泊名利，恬静闲适，却不夸耀自己是独醒之人。这就是佛家所说的不为外物蒙蔽、不被虚幻迷惑、身与心都悠然自得的高人。

〔点评〕

把富贵荣华视若浮云，却不必居住到深山幽洞之中，不酷爱山石清泉，也可以赋诗饮酒，自得其乐。听任别人争名逐利，却不嫌恶、疏远他们；保持自己恬静淡泊的心境，也不夸耀自己独醒。这种生活态度，主体内核是儒家的独善其身，同时又包涵道家的自然无为与释家的禅宗理念。人生无须用“岩栖穴处”“膏肓泉石”来标榜自己的清高好义、山林之性，山林中本来也有庸夫，市井中常常有高人。能够看透世事，与自然、社会和谐相处，才是自得之人。

三三五

趋炎附势之祸，甚惨亦甚速；栖恬守逸[①]之味，最淡亦最长。

〔注释〕

①栖（qī）恬守逸：栖守恬淡，坚守安逸。栖，本指鸟儿停在树上，泛指居住或停留。

〔译文〕

趋炎附势所带来的灾祸，最惨烈也最迅速；坚守恬淡、安逸的生活滋味，最平淡，也最悠长。

〔点评〕

有些人喜欢趋炎附势，以借此抬高自己并获取不当利益，岂不知世事无常，变幻莫测，攀附权势所带来的祸害往往最悲惨也最迅速，历史上因依附权贵带来灭门之祸的案例不胜枚举。坚持恬静淡泊的生活，虽无大富大贵，却也无是无非，这样的生活最平淡也最悠久。作者的这些忠告，希望能让那些甘于平淡的人欣慰，更希望能让那些喜欢攀附权势的人警醒。

三三六

色欲火炽，而一念及病时，便兴似寒灰①；名利饴甘，而一想到死地，便味如咀蜡。故人常忧死虑病，亦可消幻业②而长道心③。

〔注释〕

①兴似寒灰：兴趣变得灰冷，即俗语云万念俱灰的意思。

②幻业：佛教认为世事虚幻，一切不过是幻影，这里指名利色欲等事。

③道心：佛教用语。悟道之心。《朱子全书·尚书》："人心，人欲也；道心，天理也。"

〔译文〕

当色欲如烈火般炽烈燃烧的时候，一想到得病时的情形，兴致便立刻变成一堆寒灰；当追逐名利像吃饴糖般甘甜着迷的时候，一想到死亡终将来临，对名利的追逐便立刻像咀嚼蜡丸一般索然无味。所以，如果人们能够经常忧虑死亡和疾病，也可以消除虚幻的业障，增长悟道之心。

〔点评〕

对于美色的贪恋、对于名利的追逐，是人性的弱点，作者出主意说，当性欲烈火般燃烧时，只要想想生病的痛苦，欲火立刻变成一堆冷灰；功名利禄像饴糖般甘甜，可是一想到死亡，追逐名利的兴趣便味同嚼蜡。这正如《红楼梦》中那个跛足道人送给贾瑞的“风月宝鉴”的两面——一面是美色，一面是骷髅。世间的一切犹如镜子里的幻象，作者劝世人多看看宝鉴的背面，贪色逐利的念头就会变得淡了。

三三七

隐逸林中无荣辱，道义路上泯炎凉。进步处便思退步，庶①免触藩之祸；著手时先图放手，才脱骑虎之危。

〔注释〕

①庶：或许。

〔译文〕

隐居在山林之中，就不再有尘世中的荣耀和耻辱；行走在追求道德和正义的大路上，就可以泯除世态炎凉。如果在进步上升的时候就想到怎样退一步，或许可以避免羝羊触藩的祸事；在开始着手时便考虑到如何放手，才能摆脱骑虎难下的危险。

〔点评〕

唐宋以来，随着儒释道的融通，三教思想成为传统知识分子灵魂深处的文化构成，尤其是儒道思想，常常构成知识分子思想中仕与隐的矛盾。一帆风顺时，儒家的积极入世、“兼济天下”为主要表现；仕途偃蹇时，道家的清静无为占据上风，便想着要归隐山林。隐居山林之中，荣耀与耻辱便都会远离；潜心于仁义道德之路,便没有了人情冷暖、世态炎凉。作者甚至认为,进步的时候就要想到如何退步,开始着手的时候就要先想到怎样放手,这样才能避免进退两难、骑虎难下。从表面上看,归隐山林是士大夫寻求精神自由的一种解脱,但是从本质上来说,则是对社会现实的不满和反抗。

三三八

贪得者,分金恨不得玉,封侯怨不授公,权豪自甘乞丐①;知足者,藜羹旨于膏粱②,布袍暖于狐貉③,编民④不让王公。

〔注释〕

①权豪自甘乞丐:身为权豪却甘心沦落为物质、名位的乞丐。

②藜羹旨于膏粱:粗茶淡饭胜过精美食物。藜羹,用嫩藜做的羹饭,比喻粗劣的食物。膏粱,比喻精美的食物。膏,肉之肥者。粱,饭之精者。旨,(食物的)滋味美。

③狐貉:指狐皮与貉皮做的衣服。狐皮、貉皮都是珍贵的裘料。

④编民:编入户籍的平民。

〔译文〕

贪得无厌的人,分到黄金又怨恨没得到美玉,封到侯爵又埋怨不封授王公,本来已是权豪在握却甘心沦为物质、名位的乞丐;知足常乐的人,吃粗茶淡饭却像精美的食物一样味美可口,穿粗布袍子觉得比狐貉皮衣还要温暖,一般老百姓也不亚于王公大人了。

〔点评〕

贪得无厌的人，即使已经得到了很多，但内心里仍然难以满足，有句话形容这种人叫“欲壑难平”；知足的人，即使粗茶淡饭、粗衣布袍，一样生活得悠然自得，所以人们说“知足常乐”。权豪在握的人却甘心沦为物质、名位的奴隶，一般老百姓却能像王公大臣那样恬淡、怡然，明理之人应该有自己正确的选择。

三三九

矜名[①]不如逃名趣，练事[②]何如省事闲。孤云出岫[③]，去留一无所系；朗镜悬空，静燥而不相干。

〔注释〕

①矜名：夸耀声名。

②练事：对事情有深入研究，办事能力强。练，经验多，纯熟。

③孤云出岫(xiù)：孤云，闲云。岫，山洞、岩穴。

〔译文〕

夸耀名声不如逃避名声更有趣味，熟谙世事、办事干练怎如减少事情更为轻闲。闲云出于山谷，是去是留毫无羁绊；一轮明月悬在天空，世间寂静或喧闹与它毫不相干。

〔点评〕

炫耀名声自然不应该，逃避名声不仅仅是有趣味，更是一种做人的崇高境界。练达世事、办事干练是人的一大长处，但作者却说,“练事”还不如少做些事来得悠闲,这可能是愤激之语。如果都像“孤云出岫”和“朗镜悬空”那样,“去留一无所系”“静燥而不相干”,悠闲是挺悠闲,但是只陶然于自己的闲适幽静,做人的格局也就太小,有辱于儒学士子的光环。

三四〇

山林是胜地,一营恋便成市朝[①];书画是雅事,一贪痴便成商贾。盖心无染著[②],欲境是仙都[③];心有系牵,乐境成悲地。

〔注释〕

①市朝:指争名逐利之所。市,市场。朝,朝廷。

②染著:佛教用语。谓爱欲之心浸染处物,执着不离。

③仙都:神仙居住的地方。

〔译文〕

山林间本是隐居胜地,可是一起留恋之心,便成为争名逐利的场所;书法、绘画本是风雅之事,可是一动贪痴的念头,便会成为追求利益的商贾。所以,只要心灵不被欲念浸染,即使身处世俗之境,也像生活在仙境一样;如果心中有所挂牵,即使生活在快乐的环境里,也会像处于悲惨之中。

〔点评〕

这里借山林胜地和书画雅事,强调万事皆由人心,面对同样的事物、境遇,人心不同,所感受到的结果也会大不相同。山林本来是隐居修省的好地方,但如果隐居山林用来沽名钓誉，那么山林也就变成了市场；书画本是高雅之事，可是一旦陷入贪求迷恋的境地，那就成了商人。只要人的心灵不被外物浸染，处于俗境也可以像生活在仙境一样快乐；如果心中牵念太多，生活在乐境也会像处于苦海之中。作者的这些议论，是很有道理的。

三四一

芦花被下卧雪眠云①，保全得一窝夜气②；竹叶杯中吟风弄月③，躲离了万丈红尘。

〔注释〕

①“芦花”句：比喻高人远离红尘。芦花被，以芦苇花絮装成的被子。卧雪，《后汉书·袁安传》李贤注引晋周斐《汝南先贤传》：“时大雪，积地丈余，洛阳令身出案行，见人家皆除雪出，有乞食者。至袁安门，无有行路。谓安已死，令人除雪入户，见安僵卧。问何以不出。安曰：‘大雪人皆饿，不宜干人。’令以为贤，举为孝廉。”后人以袁安卧雪为贤。眠云，指山中隐居，因山中多云故称为眠云。

②夜气：夜间的清凉之气，比喻清明纯净的心境。儒家认为晚上静思，能产生的良知善念。

③“竹叶”句：指品茗赋诗为乐。竹叶杯，竹叶沏的茶。吟风弄月，指填词吟诗。

〔译文〕

躺在芦苇花絮成的被子下面，仿佛卧在洁白的雪花上伴着缥缈的云朵安眠，能将夜间的清凉之气保全在被窝中；品着竹叶沏成的香茗、吟诗、填词、玩赏风月，可以远离滚滚红尘，尽享悠闲自在。

〔点评〕

此处所描述的是文人、士子的隐逸生活，这种生活既清贫朴素又充满诗意，还能保全和增益自己的良知善念。躺在芦苇花被下，仿佛卧雪伴云而眠，品着竹叶沏成的清茶，吟诗填词玩赏风月，这样的生活可洗尽尘世烦恼，尽享清静悠闲。更可贵的是，在这种超然脱俗的氛围里，作者追求的仍然是“保全得一窝夜气”，保持质朴纯净的心境，保持自己的良知与善念。

三四二

多藏厚亡[①]，故知富不如贫之无虑；高步疾颠[②]，故知贵不如贱之常安。

〔注释〕

①多藏厚亡：意思是聚敛越多，丧失得也多。

②高步疾颠：意思是爬得越高，跌倒得也快。

〔译文〕

财富聚敛得越多，失去的也就会越多，因此知道富有的人不如贫穷的人过得无忧无虑；地位爬得越高，摔得就会越快越惨，故而知道尊贵的人还不如卑贱的人能够常保平安。

〔点评〕

财富聚敛得越多，失去的也会越多，地位攀爬得越高，摔得往往越快越重，这样因担心财富地位受损，而整天忧心忡忡，还不如贫贱人家无忧无虑、平平安安的要好。“多藏厚亡”是老子的名言，老子的《道德经》中说：“名与身孰亲？身与货孰多？得与亡孰病？是故甚爱必大费，多藏必厚亡。故知足不辱，知止不殆，可以长久。”这显然是从消极的一面来阐释人生的道理，但是从维护自身“可以长久”的角度说，这还是从另一个角度劝导人们要“知足常乐”。

三四三

世人只缘认得“我”字太真，故多种种嗜好，种种烦恼。前人云：“不复知有我，安知物为贵？”又云：“知身不是我，烦恼更何侵？”真破的之言①也。

〔注释〕

①破的之言：指一言破的，比喻说话正中要害。的，箭靶的中心。

〔译文〕

世上的人只因为把“我”字看得太真切，一切以自我为中心，所以产生出诸多嗜好、种种烦恼。前人说：“如果不知道我的存在，怎么还会知道外物的贵重？”又说：“如果知道肉身只是暂居，并不属于自己，那么烦恼又怎么能侵扰我呢？”这些话真是切中要害啊！

〔点评〕

庄子认为：“汝身非汝有”，“是天地之委形也”。人只有认清生命的真相，达到“无我”的境界，才能打破物欲的孽障，不受任何烦恼的侵扰。遗憾的是，现实生活中的人们往往把“我”看得太重，事事以自我为中心，因而产生出种种嗜好、欲望，也带来种种烦恼。其实人的众多烦恼都是因为看不透、放不下，都是因为太把自己当回事而作茧自缚。

三四四

人情世态，倏忽[①]万端，不宜认得太真。尧夫[②]云："昔日所云我，今朝却是伊；不知今日我，又属后来谁？"人常作是观，便可解却胸中罥[③]矣。

〔注释〕

①倏忽：极短的时间。倏，迅速、极快。

②尧夫：北宋哲学家邵雍的字，有诗集《伊川击壤集》传世。

③罥（juàn）：捕取鸟兽的网。这里引申为缠绕、羁绊。

〔译文〕

人情冷暖，世态炎凉，转瞬之间变化万千，所以不应看得过于认真。邵尧夫说："从前所说的我，今天变成了他；不知今天的我，后来又变成谁？"如果人们经常这样想一想，就可以解开缠绕在胸中的各种羁绊了。

〔点评〕

这里还是劝导人们要看得开、放得下。人情冷暖，世态炎凉，瞬息万变，都不必看得太认真。邵雍先生说得很好："昨天所说的我，今天变成了他。不知今天的我，明天又变成谁。"如果经常做这样的思考，就可以放下心中许多牵挂。哲人总是劝人们“放下”，而面对亲情、物质、名誉、地位，人最难做到的就是完全放下，正确的态度应该是在认清生命本质的基础上，淡化各种执念。

三四五

知成之必败，则求成之心不必太坚；知生之必死，则保生之道不必过劳[①]。

〔注释〕

①过劳：过分费心、劳神。

〔译文〕

如果知道有成功就必然有失败，那么希求成功的心念就不必过于坚定；如果知道有出生就必然有死亡，那么在追求养生之道方面就不必过于劳神。

〔点评〕

这里谈了两个问题：一是谋事，二是养生。关于谋事，作者的观点过于消极。首先，“成之必败”的逻辑不成立，事情当然有成有败，但并不是成功之后必定会有失败；其次，如果因为事先不能确定事情的成败就不去努力争取，那么很难相信这样的人能做成什么事情。关于养生，“保生不必过劳”的观点很对。生老病死是自然规律，保持良好的生活习惯，无不良嗜好，这就是最好的养生；仁慈宽厚的胸襟、乐观的精神状态，对于身心健康来说，才是千金难买的良药。

三四六

眼看西晋之荆榛，犹矜白刃①；身属北邙之狐兔②，尚惜黄金。语云："猛兽易伏，人心难降；溪壑易填，人心难满。"信哉！

〔注释〕

①"眼看"二句：明明知道即将覆灭，还在崇尚武力。《晋书·索靖传》："靖有先识远量。知天下将乱，指洛阳宫门铜驼，叹曰：'会见汝在荆棘中耳！'"荆榛，本指丛生有刺的灌木，后比喻世道纷乱残破。矜，崇尚、自恃。白刃，锋利的刀。

②"身属"句：王侯、公卿的安葬之地，竟成为蒿草过膝、狐兔出没之地。北邙，即邙山，在今河南省洛阳市北黄河岸边。汉魏以来，邙山成为王侯、公卿安葬之地，后来便将北邙作为墓地的代称。

〔译文〕

眼看西晋即将灭亡，繁华的宫殿将要湮没在灌木丛中，可还有人在炫耀武力；眼看生命即将结束，身体要到北邙山与狐兔为伍，却还执迷不悟，吝惜钱物。俗语说："猛兽容易制伏，人心却难降服；溪谷、沟壑容易填平，人心最难满足。"这话真是说得太正确了！

〔点评〕

这里在说人的贪欲非常难以克制，即便是知道了下场的可悲，有时也难以做出正确的决断。此处所举"眼看西晋之荆榛，犹矜白刃"的例子就很具典型性。280 年，司马炎篡夺曹魏政权，建立晋朝，史称西晋。司马炎大封亲族本家为王，希望这些同姓王能与朝廷和衷共济，确保司马氏江山万代永固。然而出乎意料的是，司马炎病死后，从 291 年至 306 年，八个同姓王为争权夺利，先后卷入混战，史称“八王之乱”。这场旷日持久的内乱，使得生灵涂炭，西晋王朝也元气大伤，北方少数民族乘隙崛起，纷纷逐鹿中原。乱后不久西晋灭亡，中原地区的上层人物纷纷南逃，他们拥戴司马睿做皇帝，建立东晋政权，中国重又陷入长期的南北分裂局面。这种置国家、民族利益于不顾，只顾自己私欲的教训实在是太惨痛了！所以俗语说：人心比猛兽更难降服，欲望比沟壑更难填平。

三四七

心地上无风涛，随在皆青山绿树；性天中有化育[①]，触处都鱼跃鸢[②]飞。

〔注释〕

①性天中有化育：怀有使万物萌发生长的心念。性天，即人的天性，指人心。化育，自然万物萌发和生长。

②鸢（yuān）：老鹰。

〔译文〕

如果心地之中无风无浪、平静如水，那么随处都是青山绿树般的美景；如果天性中有化育万物生长的爱心，那么到处都会有鱼跃鸢飞的景象。

〔点评〕

“心地上无风涛”“性天中有化育”，都是强调人性修为。如果人的心中平和宁静,没有那些是是非非和曲曲折折,那么所在之处无不是青山绿水般的美好景象;如果天性中有化育万物的仁爱之心,那么所遇到的都是鱼跃鸟飞的生动场景。看来,生活的境遇如何,关键还在自己的内心,用平静的心态去面对生活中的点点滴滴,用仁慈的眼睛去看待这个世界,我们就会拥有美好的生活。

三四八

狐眠败砌[①],兔走荒台,尽是当年歌舞之地;露冷黄花[②],烟迷衰草,悉属旧时争战之场。盛衰何常?强弱安在?念此令人心灰。

〔注释〕

①败砌:破败的台阶。

②黄花:菊花。

〔译文〕

狐狸睡眠在颓败的台阶上,兔子出没于荒废的楼台上,这里都是当年轻歌曼舞的欢快之地;菊花上凝结着冰冷的露珠,荒草衰枯在凄迷的烟雾之中,这里都属于当年英雄竞逐的战场。兴盛、衰败哪有常规可循?强弱、胜败如今都在哪里?想到这些,不禁令人心灰意冷。

〔点评〕

历史的沧桑变化常令人睹物无语,“舞榭歌台,风流总被雨打风吹去”“故垒西边,人道是三国周郎赤壁”,每当人登临怀古，总会有这样的感叹。当年的英雄豪杰如今又在哪里？赤壁鏖兵的战场又在何方？在时空无垠的大自然面前，人类为自身生命的脆弱、短暂而战栗。虽然在此处作者的情绪有点儿历史虚无主义化，但从积极意义上说，看透这些，有助于人们以正确的态度面对人生。

三四九

晴空朗月，何天不可翱翔，而飞蛾独投夜烛；清泉绿竹，何物不可饮啄，而鸱鸮偏嗜腐鼠①。噫！世之不为飞蛾鸱鸮者，几何人哉？

〔注释〕

①鸱鸮(chīxiāo)：一种鸟。俗称猫头鹰，常用以比喻贪恶之人。

〔译文〕

万里晴空朗月高悬，哪片天空不可以任意翱翔？而飞蛾却偏偏扑向夜色中的烛火。泉水清澈绿竹萧萧，哪种物品不可以饮用啄食？可是鸱鸮却偏偏贪嗜腐烂发臭的死老鼠。唉！世上不做飞蛾、猫头鹰的，又能有几个人呢？

〔点评〕

这个比喻非常精当，人一旦被贪欲蒙蔽了心智，其行为难以从正常的角度理解。明明是火坑，却偏偏往里跳，简直是拉都拉不住；明明是南墙，却偏偏往上撞，撞了南墙还不知道回头。现实生活中，像飞蛾扑火和猫头鹰吃腐鼠那样的人还真不少。由此可见,努力成为一个有理性、有正确价值观的人,是多么重要。

三五〇

性天澄澈[①],即饥餐渴饮,无非康济身心;心地沉迷,纵谈禅演偈[②],总是播弄精魄。

〔注释〕

①性天澄澈:天性清澈通明。性天,人得之于自然的本性。

②谈禅演偈:谈论禅理,演说佛法。偈,佛经中的唱词。

〔译文〕

如果天性清澈通明,即使饿了就吃饭、渴了就喝水,也无非是为了保养身心;如果心地沉沦迷惑,纵然整天谈论禅理、演说佛法,也只是播弄精神、魂魄而已。

〔点评〕

无论是养生还是修道,关键都在于自己的内心。养生重在养心,只要天性纯真、心无杂念,即便饿了就吃,渴了就喝,照样可以保养身心;修道重在心悟,如果心地沉迷堕落,纵然整天谈论佛经、禅理,也是白费力气。让自己保持"性天澄澈",才是养生和修道的根本。

三五一

人心有真境,非丝非竹[①]而自恬愉,不烟不茗[②]而自

清芬。须念净境空,虑忘形释[3],才得以游衍[4]其中。

〔注释〕

①非丝非竹:古人用丝竹统称音乐。丝,弦乐器。竹,竹管乐器。

②不烟不茗:意思是不用生火煮茶。烟,炊烟。茗,茶。

③虑忘形释:忘却思虑,舒散形体。

④游衍:恣意游乐。衍,漫延、扩展。

〔译文〕

人的心中如果有纯真美妙的意境,没有管弦音乐,一样可以自己恬适、愉悦;不生火不煮茶,而自然有清香芬芳的气韵。必须意念纯净、万境虚空,忘却各种思虑、释解形体束缚,才能够恣意游乐于美妙的境界之中。

〔点评〕

这里强调大美向善的心灵在悟道修身中的作用。佛法认为,观心才能成道,佛性就是自性,自性只能通过内在自我的深入体悟而获得。人心中有一个真实美妙的境界,不需要丝竹管弦之音也觉闲适愉快,不燃香、不饮茶也感清新芳香。必须心中意念澄静,心境虚空,忘记忧思愁虑,解脱形体束缚,这样才能自如自在地生活在真实美妙的境界之中。

三五二

天地中万物,人伦[1]中万情,世界中万事,以俗眼观,纷纷各异;以道眼[2]观,种种是常,何须分别?何须取舍?

〔注释〕

①人伦：指五伦，即君臣、父子、夫妇、长幼、朋友五种关系。

②道眼：得道之人超越世俗的眼光。

〔译文〕

天地中的万般物态，人伦中的万种情感，世界中的万千事件，用凡夫俗子的眼光看，纷繁复杂，各有不同；用得道之人的眼光看，所有一切都是平常，本质上都一样，又何必去分别，何必去取舍呢？

〔点评〕

此处体现了道家的万物同源、浑然一体的思想，也包含佛教中众生平等、皆为幻象的理念。凡夫俗子沉溺于世界表面现象的苦海中，他们眼中的世界错综复杂、纷纷扰扰、千头万绪、各不相同；得道之人能够透过表象看到真相，在他们看来，世上的所有现象，本质上都是一样的，万物平等，生死平常，又何必根据自己的好恶去辨别、取舍呢？这种思想，有其消极避世的一面，但也有助于消弭一些人过于强烈的纷争之心，可以让人们生活得更加恬淡、从容。

三五三

缠脱只在自心，心了则屠肆糟糠[①]，居然净土[②]。不然，纵一琴一鹤，一花一竹，嗜好虽清，魔障[③]终在。语云："能休[④]尘境为真境，未了僧家是俗家。"

〔注释〕

①屠肆糟糠:指一些污秽不洁的场所。屠,屠场。肆,店铺,这里指肉市。糟糠,酒滓、谷皮等粗劣食物,贫者以之充饥。

②净土:佛教用语。佛所居住的无尘世污染的清净世界。

③魔障:佛教用语。修身的障碍。泛指成事的障碍、磨难。

④休:休止、停止。

〔译文〕

纠缠还是解脱,关键在于自己的内心。如果内心了悟,即便身居屠场肉市或糟糠堆中,也会如同生活在清净世界一样。不然的话,纵然终日与一琴一鹤为伴,与一花一竹相对,嗜好虽然清雅,但内心里的魔障终究还在。俗语说:"如能休止追名逐利的心,俗尘世境也会成为真境;如若不能了却凡俗尘念,清静僧院仍是世俗之家。"

〔点评〕

面对尘俗世界,是纠缠其中还是超然物外,关键在于自己的内心,这里所说的"心",是指人的理念意识。如果一个人内心洞彻了悟,不论生活在怎样的环境中,都是一片清净乐土;如若不然,纵然环境清幽、嗜好高雅,但心里的魔障始终都在。就像人们修禅,如果不能了断尘俗欲念,即使遁入空门,其实仍在俗家;如果休止名利之心,即使身在红尘,也可六根清净。

三五四

以我转物[①]者,得固不喜,失亦不忧,大地尽属逍遥；以物役我者，逆固生憎，顺亦生爱，一毫便生缠缚。

〔注释〕

①转：支配、运转。

〔译文〕

如果以我来支配外物，那么得到了本来就没什么可喜的，失去了也不应该忧虑，整个世界毫无牵绊，天地万物尽得逍遥；如果以外物役使我，那么拂逆就会产生憎恶，顺利又会生出爱悦，一点点小事都能把自己缠绕、束缚住。

〔点评〕

人应该做"物"的主人，而不应该成为"物"的奴隶。这里所说的"物"，是物质、名利、地位、情感等各种外在客观因素。如果自己成为外物的主宰，得到了本没有什么可喜的，失去了也不会有什么忧虑；如果被外物所役使，就会被一点点小事情束缚住。掌控自己的情绪、命运，正确认知外部世界，不做外物的奴隶，这才是应有的人生。

三五五

试思未生之前有何象貌，又思既死之后有何景色，则万念灰冷，一性寂然①，自可超物外而游象先②。

〔注释〕

①一性寂然：一性，全部性情。寂然，寂静的样子。

②象先：上帝产生之前的境界，这里指一切物象之外。《老子》第四

章:“吾不知其谁之子,象帝之先。”意思是,我不知道“道”是谁的儿子,它显象于上帝产生之前。

〔译文〕

试想一下,自己未出生之前是什么相貌,再想一想,死了之后会有怎样的景象,这样一想,那么原来的万种念头都会心灰意冷,整个性情都会变得沉寂起来,自然可以超然优游于物象之外了。

〔点评〕

这里表现的是佛教四大皆空的思想。世界本来就是空寂的,自己没出生之前和自己死亡之后没有什么改变。人出生是一种偶然,而死亡则是必然。人如果能经常这样想一想,就会放下各种执念,生活得无牵无挂、自由自在。这种观念总体上是消极的,却能让人们认清生命的本质,少一些无谓的纷争。

三五六

优人傅粉调朱①,效妍丑于毫端。俄而②歌残场罢,妍丑何存?弈者争先竞后,较雌雄③于着子。俄而局尽子收,雌雄安在?

〔注释〕

①优人傅粉调朱:指艺人在化装时涂白抹红。优人,古代指扮演杂戏的人,后来泛指演戏的人。

②俄而:一会儿,表示时间短暂。

③雌雄：这里指胜败。

〔译文〕

艺人们演戏时抹红涂白，模仿人物的好坏美丑达到惟妙惟肖、细致入微的地步。一会儿戏演完了，演出散场，那些美丽和丑陋在哪里呢？下棋的人争夺先机，唯恐落后，在每一次着子上较量着胜负雌雄。一会儿棋局结束，棋子收起，雄雌胜负又在哪里？

〔点评〕

“人生如戏，世事如棋。”演出的时候惟妙惟肖，但终将曲终人散；下棋的时候争先恐后，但旋即局尽子收。人世间的所有争斗都会尘埃落定，最终的结局都将归为虚无，所有的努力也都将失去意义。作者这种拒绝体验的态度，显然是体验之后的感悟，但是，如果过分强调虚无而拒绝体验，也是对生命的不尊重。正确的态度应该是：恰恰因为一切终将归为虚无，而更应该静下心来，好好欣赏人生之旅中的美好景色，走好脚下的每一步。

三五七

把握未定[①]，宜绝迹尘嚣[②]，使此心不见可欲[③]而不乱，以澄吾静体；操持既坚[④]，又当混迹风尘[⑤]，使此心见可欲而亦不乱，以养吾圆机。

〔注释〕

①把握未定：指修行未成，定力不足。这里指内心对世俗欲念还不具

备完全控制得住的能力。

②尘嚣：尘俗社会的喧嚣。

③不见可欲：不让看到能引起欲望的东西，使人的思想不致被扰乱。《老子》第三章："不见可欲，使民心不乱。"

④操持既坚：指修行已成，内心对世俗欲念有了坚强的抵抗能力。

⑤风尘：这里指世俗社会。

〔译文〕

如果对世俗欲念的控制力还不够坚定，就应该远离尘世的纷扰喧嚣，使这颗心不看到引起欲念的事物，从而不被扰乱，以使我宁静的形体保持澄澈；如果对世俗欲念的控制力已经坚定，就应该让自己混迹于纷扰的世俗社会，使这颗心看到足以引起欲念的事物却不被扰乱，以此滋养我质朴、圆活的灵性。

〔点评〕

此处谈修身养性之术。如果控制力还不够坚定，那就远离纷扰，尽可能不接触可以引起欲念的事物，从而使自己不被扰乱；如果定力已经足够，那就应该深入世俗社会，去接触那些可以引起欲念的事物，使自己进一步经受历练。根据自己的实际情况，采取恰当的方式修省自身，作者的这个思路值得肯定。

三五八

喜寂厌喧者，往往避人以求静。不知意在无人，便成我相[①]；心着于静，便是动根[②]。如何到得人我一空[③]、动静两忘的境界？

〔注释〕

①我相：佛教用语。我、人等四相之一。佛教认为是烦恼之源。

②“心着”二句：心里老是想着静，便是动的根源。三国时期魏人王弼《老子注》：“凡有起于虚，动起于静。”

③人我一空：别人与我一同被遗忘。

〔译文〕

喜欢寂静讨厌喧嚣的人，往往用躲避人际来往的方法来求得安静。他们不知道，这样刻意寻求无人之境，便是把自己的存在看得过于重要；把心思刻意放在希求宁静上，恰恰正是躁动的根源。这样怎能达到将人与我一起看空、将动与静两两忘却的境界？

〔点评〕

喜欢寂静的人，往往采取回避他人的方式来求得宁静，岂不知，这样刻意离群索居，是把自己看得太重，这样刻意求静，才是躁动的根源。真正的宁静，源于自己的内心，不取决于外部环境，如果真正能超然物外，达到“人我一空、动静两忘”的境界，不论身居何处，都无须刻意避人，内心一样会淡定、宁静。

三五九

人生原是傀儡，只要把柄在手，一线不乱，卷舒自由，行止在我，一毫不受他人提掇[①]，便超此场[②]中矣。

〔注释〕

①提掇（duō）：指玩木偶的人上下牵引。这里引申为操控。

②场：表面上指剧场，实际上比喻人生像个大剧场，实指现实社会。

〔译文〕

人生原本像是一场木偶戏，人则是戏台上的木偶，只要牵引木偶的把柄掌握在自己手中，而且一线不乱，卷舒自由，行止松紧的主权都在我这儿，一点儿也不受他人摆弄牵引，这才是超脱了人生舞台的束缚，掌握了自己的命运。

〔点评〕

这是一个有趣的比喻。人生就像演一场木偶戏，木偶就是人的肉身，牵动线索的应该是自己的内心。只要把牵动木偶的把柄牢牢控制在自己手中，并且一线不乱，收放自如，一点儿不受他人的牵制，就算是掌握了自己的命运，跳出了这个游戏场。其实，要想真正跳出这个游戏场，首先应该认清生命的本质。从本质上说，生命只是一个过程，在这个过程中，一方面要尊重生命，努力实现生命的价值，另一方面也要珍惜和享受生命，好好体验这个过程。其次要懂得调适。要根据主、客观情况的变化，随时调适自己的人生目标。只有这样，才能真正不受他人操控，自主自得地走完自己的生命历程。

三六〇

世态有炎凉，而我无嗔喜[①]；世味有浓淡，而我无欣厌。一毫不落世情窠臼②,便是一在世出世法也。

〔注释〕

①嗔(chēn)喜:生气与高兴。

②窠臼(kējiù):现成的格式、俗套。现多用来形容文章和其他艺术品沿袭故常。窠,鸟兽昆虫的窝。臼,舂米的器具,中部凹下。

〔译文〕

人情世态有热情有冷淡,而我既不生气也不欢喜;世间滋味有浓郁有寡淡,而我既无欣喜也无弃厌。一点点不落入人情世故的窠臼、俗套之中,这样便是一种虽然混迹于世,却又超然出世的良法啊。

〔点评〕

人情冷暖,世态炎凉,这几乎是每个人都会遇到的问题。作者说,任他有炎凉,我自无嗔喜;任他有浓淡,我自无欣厌。不得不说,这确实是个好办法。

无嗔无喜,无欣无厌,这种淡然的处世态度,源自博大的胸怀。北宋欧阳修原是朝中高官,公认的文坛领袖,包括"三苏"在内的许多文坛巨匠都出自他的门下,整日高朋满座。庆历五年(1045)欧阳修遭人诬陷,被贬往滁州,离京时,竟无一人相送。相随多年的老仆感叹道:"真是世态炎凉啊!"欧阳修说:"我们走我们的路,何必在乎有没有人相送。"后来欧阳修重获重用,返京后很多人登门拜贺,一时门庭若市。老仆再次感叹世态炎凉,欧阳修却说:"别人来贺便是情意,何必在乎世态炎凉。”这就是做人的境界。

究竟应该怎样面对人生，想请朋友们好好品味一下苏轼的那首《定风波》：“莫听穿林打叶声，何妨吟啸且徐行。竹杖芒鞋轻胜马，谁怕？一蓑烟雨任平生。料峭春风吹酒醒，微冷，山头斜照却相迎。回首向来萧瑟处，归去，也无风雨也无晴。”